Godwin O. Ochepo

Estudos sobre os benefícios nutricionais das cascas de mandioca biodegradadas para as ovelhas

Godwin O. Ochepo

Estudos sobre os benefícios nutricionais das cascas de mandioca biodegradadas para as ovelhas

ScienciaScripts

Imprint

Any brand names and product names mentioned in this book are subject to trademark, brand or patent protection and are trademarks or registered trademarks of their respective holders. The use of brand names, product names, common names, trade names, product descriptions etc. even without a particular marking in this work is in no way to be construed to mean that such names may be regarded as unrestricted in respect of trademark and brand protection legislation and could thus be used by anyone.

Cover image: www.ingimage.com

This book is a translation from the original published under ISBN 978-3-659-88930-1.

Publisher:
Sciencia Scripts
is a trademark of
Dodo Books Indian Ocean Ltd. and OmniScriptum S.R.L publishing group

120 High Road, East Finchley, London, N2 9ED, United Kingdom
Str. Armeneasca 28/1, office 1, Chisinau MD-2012, Republic of Moldova, Europe
Managing Directors: Ieva Konstantinova, Victoria Ursu
info@omniscriptum.com

Printed at: see last page
ISBN: 978-620-3-26499-9

ÍNDICE DE CONTEÚDOS

DEDICAÇÃO

Este trabalho é dedicado, em primeiro lugar, a Deus Todo-Poderoso, que é a fonte da minha força e inspiração durante o estudo. É também dedicado à memória do meu falecido pai, Sr. Emmanuel Ochepo Echono, cuja morte prematura me negou o seu amor paternal, e à minha mãe, Sra. Achetu Ochepo Echono, pelo seu amor e carinho.

RECONHECIMENTO

Estou muito grato a Deus Todo-Poderoso pela Sua graça e paz durante todo o período do programa. Gostaria de agradecer aos meus supervisores, Prof. J. A. Ayoade, Prof. S. Attah e Dr. A. Y. Adenkola, pela sua orientação durante todo o período deste estudo. Gostaria de expressar o meu apreço ao Prof. A. Oluremi, Dr. S. N. Carew e Prof. F. U. Ahamefule pelo seu apoio e encorajamento durante todo o período do estudo. Estou grato ao Dr. A. Okwori, ao Prof. M.O. Momoh, ao Dr. J.O. Egahi, ao Dr. N. Wachida e ao Dr. A. Wuanor pela sua contribuição para este estudo. Gostaria também de agradecer à Sra. Susan Daramola e à Sra. F. Momoh que ajudaram a efetuar as análises laboratoriais. Estou em dívida para com o meu mentor, o Prof. J. A. Ibeawuchi, pelo seu apoio e encorajamento.

Estou também em dívida para com o Arq. Sonny Echono e Cletus, o meu tratador de gado, e ao pessoal da Goshen-Glory Computers por terem dedicado o seu tempo à formatação deste trabalho.

A família Ochepo, especialmente a minha mulher (Comfort), e os meus filhos David, Samuel, Israel, Emanuel e as minhas filhas Joy, Onyeche e Owakoyi, foram simplesmente maravilhosos.

Que o Senhor vos abençoe

RESUMO

Este estudo foi efectuado para determinar a verdadeira situação do consumo de leite fresco no Estado de Benue e o benefício nutricional das cascas de mandioca degradadas por fungos da podridão branca. Foram realizadas três experiências para avaliar o consumo de leite de ovelha e o potencial nutricional das cascas de mandioca biodegradadas para ovelhas anãs da África Ocidental (WAD) em lactação. Na primeira experiência, o conhecimento e o consumo de leite fresco de ovelha e de cabra em relação ao leite de vaca, entre nigerianos selecionados aleatoriamente, foram investigados através de um questionário estruturado. Foram também avaliadas as classificações de qualidade físico-química e sensorial do leite fresco de vaca, ovelha e cabra. Na segunda experiência, dezoito ovelhas em lactação, nove das quais da raça WAD e nove da raça Yankasa, num esquema fatorial 2x3, foram utilizadas num estudo de 12 semanas para estimar a produção e a composição do leite destas duas raças de ovelhas. Foram utilizados três métodos: 1) ordenha manual, 2) amamentação do cordeiro e 3) ordenha induzida por ocitocina. Vinte ovelhas WAD em lactação, numa experiência completamente aleatória com quatro ovelhas por tratamento, foram utilizadas num ensaio de alimentação com cinco tratamentos (Experiência Três) para estudar a influência das cascas de mandioca tratadas com fungos na produção e composição do leite. Os resultados mostraram que o consumo de leite fresco de ovelha ou de cabra não é popular no Estado de Benue. A maioria dos inquiridos (61,67%) não tinha conhecimento da utilização de leite de ovelha ou de cabra para consumo humano, ao passo que um número substancial (93,67%) estava disposto e pronto a consumir regularmente leite fresco de ovelha ou de cabra se este estivesse disponível e não fosse caro. As caraterísticas físico-químicas do leite mostraram que o pH do leite fresco não foi influenciado pelas espécies de ruminantes (P > 0,05), nem os teores de gordura, proteínas e cinzas do leite. No entanto, o leite de ovelha tinha significativamente (P < 0,05) mais sólidos totais do que o leite de vaca e de cabra, respetivamente. A pontuação da qualidade sensorial do leite de ovelha foi classificada como a mais alta pelo painelista para aparência, sabor e aceitabilidade geral, sendo a pontuação para aparência (8,2) superior (P < 0,05) em relação ao leite de cabra (7,4). No entanto, a produção média global (12 semanas) de leite por aleitamento (39,74 kg) e por ocitocina (40,35 kg) não diferiu significativamente (P > 0,05). As cascas de mandioca degradadas (com *Pleurotus tuber-regium)* tinham mais matéria seca, proteína bruta, fibra bruta, cinzas, extrato etéreo, fibra detergente ácida (ADF) e celulose, mas menos extrato livre de azoto (NFE), fibra detergente neutra (NDF), lenhina detergente ácida (ADL) e hemicelulose. As dietas experimentais influenciaram significativamente (P < 0,05) a produção da lactação; a produção média total de leite foi mais elevada (41,83 kg) para as ovelhas alimentadas com T3 (16 % BDCP). Os índices heamatológicos revelaram que houve diferenças significativas (P < 0,05) nos valores do volume de células compactadas (PCV) na 6ª semana. Na 2ª semana, os valores de hemoglobina

(HGB) foram significativamente (P < 0,05) mais elevados para as ovelhas que receberam T_2 (10,97 g/ dl) e T_5 (10,75 g/ dl) e também na 6ª semana para as ovelhas alimentadas com dietas com inclusão de BDCP. Os valores de albumina eram superiores ao intervalo normal (22 - 30 g/l) para ovinos. Os níveis de creatinina diminuíram significativamente (P < 0,05) com a inclusão de BDCP nas dietas; os valores eram anormais na semana 2 (2,4 - 7,2 mg/ dl) mas normalizaram na semana 12 (1,8, 1,7, 2,1, 1,8 e 1,5 mg/ dl para as respectivas dietas). Os tratamentos dietéticos não influenciaram (P > 0,05) os valores de digestibilidade aparente dos nutrientes. É possível que todas as dietas tenham fornecido nutrientes adequados para a multiplicação dos microrganismos ruminais com igual grau de digestibilidade dos substratos.

INTRODUÇÃO

Introdução geral

Uma das principais razões pelas quais a Nigéria não consegue satisfazer as necessidades de leite da sua população abundante é o facto de aceitar a vaca como único animal leiteiro, enquanto as ovelhas e as cabras são criadas para a produção de carne e pele (Apata e Adewumi, 2011). As ovelhas e as cabras produzem mais leite em relação ao peso corporal do que as vacas. Verificou-se que o leite de ovelha tem um elevado valor nutritivo; contém uma concentração relativamente mais elevada de nutrientes importantes como proteínas, cálcio, ferro, magnésio, zinco e todos os aminoácidos essenciais do que os leites humano, bovino e caprino (Buffano *et al.*, 1996). O leite de ovelha e de cabra não é produzido nem utilizado à escala comercial na Nigéria (Adewumi *et al.*, 2001; Ochepo, 2012), ao contrário do que acontece em alguns países africanos, como o Sudão, a Argélia, o Mali e o Níger, onde a maior parte do leite produzido provém destas raças de pequenos ruminantes. No entanto, o leite de ovelha e de cabra continua a ser o recurso mais inexplorado na indústria pecuária da Nigéria (FAO, 1998; Ochepo, 2012). Atualmente, o seu potencial pode ser explorado para melhorar o estado nutricional do nigeriano médio.

Entre os constrangimentos que a produção animal enfrenta nos países em desenvolvimento, a nutrição deficiente e inadequada tem sido amplamente implicada (Williams *et al.*, 1995). O gado bovino, ovino e caprino obtém a sua alimentação diária respigando nas pastagens naturais, constituídas por gramíneas, leguminosas, plantas forrageiras, etc., cuja qualidade e abundância relativa são influenciadas pela estação do ano e pelo tipo de solo.

De acordo com Steel (1996), a qualidade e a quantidade de forragem variam muito com as estações do ano. No início da estação seca, as gramíneas tornam-se escassas e são geralmente abundantes durante a estação das chuvas. Esta abundância relativa de forragem aumenta o ganho de peso dos animais, que se perde rapidamente na estação seca seguinte (Babayemi e Bamikole, 2006). Este ganho e perda de peso perenes experimentados pelos ruminantes que vivem em pastagens naturais geralmente afectam o desempenho destes animais, uma vez que o ganho de peso, na melhor das hipóteses, é marginalmente sustentado. Para além da flutuação sazonal da forragem influenciada pelo ritmo meteorológico, a qualidade nutricional das forragens tende a diminuir com o avanço da maturidade devido à lenhificação (Mako, 2009). As forragens de gramíneas, o recurso alimentar mais abundante para os ruminantes, não podem satisfazer as necessidades nutricionais para o crescimento, a manutenção e a produção de ruminantes, quando alimentadas isoladamente, porque contêm pouca proteína bruta e a idade tende a aumentar a sua concentração de fibra bruta (Adegbola, 1985 e Bamikole *et al.*, 2004).

A preocupação com este problema de diminuição dos recursos alimentares levou os cientistas da área animal a procurar formas de promover uma utilização mais eficiente dos recursos forrageiros disponíveis. Os recursos alimentares de base para os ruminantes disponíveis na maioria dos países em desenvolvimento das regiões tropicais são os resíduos de culturas, as pastagens de terras inférteis ou os subprodutos agro-industriais (Leng, 1989). Estes são pobres em proteínas e de baixa digestibilidade.

Os resíduos de culturas - os subprodutos fibrosos resultantes do cultivo de cereais, leguminosas, palmeiras e tubérculos - representam importantes recursos alimentares para a produção animal nos países em desenvolvimento. São importantes adjuvantes das pastagens naturais e das forragens plantadas, e são frequentemente utilizados para preencher lacunas alimentares durante períodos de escassez aguda de outros recursos alimentares (Williams *et al.*, 1976). As estratégias práticas para melhorar a produção de leite dos animais leiteiros com estas dietas dependem da suplementação para otimizar tanto a digestão fermentativa no rúmen como a eficiência do metabolismo dos nutrientes absorvidos (Leng, 1989). No entanto, existe ainda a perceção de que o potencial dos resíduos de culturas como alimentos para animais não foi totalmente explorado. Isto deve-se, em parte, ao facto de os resíduos de culturas terem um baixo valor nutritivo, tal como o seu teor de energia metabolizável e de proteínas brutas. Consequentemente, muitos governos, tanto nos países desenvolvidos como nos países em desenvolvimento, lançaram programas de investigação para melhorar o valor nutritivo e a utilização dos resíduos de culturas. A tónica em grande parte deste trabalho tem sido colocada na melhoria da ingestão e digestibilidade dos resíduos de culturas pelos ruminantes, através da sua valorização e/ou suplementação (Sundstol, 1988 e Doyle *et al.*, 1986).

A Nigéria é o maior produtor mundial de mandioca *(Manihot esculentus)*, com uma produção anual projectada de 60 milhões de toneladas (FAO, 2009). A produção primária e a transformação deste produto agrícola conduzem a uma enorme tonelagem de cascas de mandioca produzidas anualmente na Nigéria. Uma grande percentagem é queimada, enquanto uma fração é utilizada como alimento para animais e, em muitas ocasiões, deixada na exploração agrícola para apodrecer. As cascas de mandioca representam uma fonte de energia não utilizada que tem demonstrado um potencial notável como recurso alimentar alternativo para os ruminantes (Barde, 2014). Estes subprodutos de lignocelulose, no entanto, têm um baixo valor alimentar. Na tecnologia dos alimentos para animais, estão a ser experimentados pré-tratamentos relativamente simples e baratos (utilizando álcalis, sulfureto, vapor, tratamento mecânico e fungos) para melhorar a digestibilidade ou o valor alimentar de todo o produto, de modo a que possa ser utilizado eficazmente na alimentação dos ruminantes. Numa revisão recente, Malherbe e Cloete (2003) observaram que o potencial lignocelulósico da celulose é incrustado pela lignina dentro da matriz lignocelulósica. Expressaram a opinião de que uma combinação da tecnologia de fermentação em estado sólido (SSF) com a capacidade de um fungo adequado para degradar seletivamente a lenhina tornará possível a implementação à escala industrial de biotecnologias baseadas na lenhinocelulose. Sabe-se que a digestibilidade dos produtos lenhinocelulósicos (resíduos fibrosos de culturas) está correlacionada com o teor de lenhina. Para melhorar a digestibilidade das matérias lignocelulósicas, podem ser utilizados métodos físicos, químicos e biológicos de deslenhificação (Baker *et al.*, 1975; Jackson, 1978). Os fungos de podridão branca, como os cogumelos comestíveis, podem degradar resíduos fibrosos de culturas e subprodutos, aumentando não só a digestibilidade da lignocelulose, mas também o valor nutricional. Os cogumelos comestíveis são capazes de bioconverter uma grande variedade de material lignocelulósico devido à secreção de enzimas extracelulares (Chang e Buswell, 1996). Evidências (Belewu e Belewu, 2005) mostraram que os materiais bioconvertidos têm um teor mais elevado de proteínas e uma diminuição de fibras e podem ser utilizados como suplemento alimentar para ruminantes (Mahrous, 2005).

A deslignificação microbiana natural do pó de madeira (Zadrazil *et al.*, 1990) atesta o grande potencial dos fungos de podridão branca (cogumelos comestíveis) na degradação de lignocelulose, levando a uma melhor utilização da alimentação animal. A incorporação de resíduos tratados com fungos juntamente com outros alimentos na dieta de pequenos ruminantes pode compensar a escassez de pastagens na estação seca.

Pesquisas com cabras e ovelhas não leiteiras nas regiões temperadas e tropicais avaliaram a variação na capacidade de ordenha das matrizes (Peart, 1982). Os resultados obtidos demonstraram que a quantidade de leite produzida por várias raças em vários estágios da lactação teve uma forte influência no crescimento de cabritos e cordeiros durante o período pré-desmame, com 20 a mais de 60 % da variação no peso ao desmame sendo responsável pelo volume de leite produzido (Peart, 1982).

Devido à influência da produção de leite no peso ao desmame e à grande variação na capacidade de ordenha entre os diversos genótipos disponíveis nas regiões tropicais, devem ser testados vários métodos para estimar a produção de leite, tais como a sucção do cabrito/cordeiro, a ordenha manual e a ordenha manual após injeção de oxitocina, e selecionado o melhor (Steinbach, 1988).

Justificação do estudo

i.   Os alimentos energéticos e proteicos convencionais disponíveis para os ruminantes, como os grãos de cereais (milho e milho-da-índia) e os bagaços de sementes oleaginosas (bagaço de amendoim e bagaço de soja), são muito caros. Este facto tornou necessária a procura de alimentos alternativos que sejam baratos e facilmente disponíveis para reduzir o custo de produção através da alimentação. Deste modo, a carne e o leite de ovelha e, por conseguinte, as proteínas animais, tornar-se-ão disponíveis e acessíveis e, de um modo geral, melhorarão o estado nutricional da população.

ii.   A produção de ovelhas WAD foi até agora limitada pela nutrição, cujo fornecimento tem sido irregular e algo inconsistente durante o ano. Uma fonte imediata de nutrição consistente proporcionará um ambiente propício ao melhoramento genético da raça para a produção de leite.

Objetivo do estudo:

O objetivo deste estudo foi avaliar o consumo de leite fresco de vaca, ovelha e cabra e o potencial nutricional das cascas de mandioca biodegradadas para ovelhas em lactação.

Os objectivos específicos deste estudo foram os seguintes

i. avaliar o consumo de leite fresco e comparar a aceitabilidade do leite de ovelha em relação ao leite de vaca e de cabra no Estado de Benue.

ii. determinar o melhor método para estimar a produção de leite de ovelhas com DMS.

iii. examinar o potencial nutricional das cascas de mandioca biodegradadas para ovelhas em lactação.

CAPÍTULO 1

A ovelha

Tal como a maioria dos outros animais domésticos, a ascendência das ovelhas não é conhecida; Gillespie (1992) observou que as ovelhas foram dos primeiros animais domesticados pela raça humana, com mais de 200 raças no mundo. A maioria das ovelhas actuais provém provavelmente das ovelhas selvagens moulfflons e do Urial asiático. As ovelhas selvagens com grandes cornos da Ásia são também antepassados de algumas das raças actuais (Gillespie, 1992). As ovelhas estão classificadas na subfamília caprinae e todas as ovelhas domésticas estão incluídas no género *Ovis aries* (Payne, 1990). Existem quatro espécies principais de ovelhas selvagens: a Mouflton *(Ovis musimon),* da qual existem pelo menos duas subespécies na Europa e na Ásia Ocidental; a Ureal *(Ovis orentalis),* com o sinónimo *O. vignei;* a Argali (*Ovis aummon*), também com muitas subespécies encontradas na Ásia Central, e a Bighorn *(Ovis canadensis),* com pelo menos oito subespécies, que se estendem pelo Norte da Ásia e pela América do Norte.

População mundial de ovinos

Os ovinos encontram-se em grande escala em todo o mundo. Segundo as estimativas da Organização das Nações Unidas para a Alimentação e a Agricultura (FAO), a população mundial de ovinos é de 1158 milhões de animais (FAO, 1983). A Ásia tem a maior população de ovinos, representando 30% da população mundial. A Oceânia - Austrália, Nova Zelândia e Pacífico - tem 18%, e a África é a terceira com 16% do total. Segue-se a extinta U.S.S.R. com 13%, a Europa com 12%, a América do Sul com 9% e a América do Norte e Central com 2%.

Pagot (1992) relatou que, em 1981, o número de ovelhas nos trópicos foi estimado em 228,9 milhões ou 20% do total mundial, enquanto o número nos países desenvolvidos é de 528,5 milhões (46,7%). De acordo com o inventário mundial de ovinos da FAO (2010), a China tem o maior número de ovinos, com cerca de 134 milhões. A Índia e a Austrália ocupam o segundo e o terceiro lugares, com cerca de 74 e 68 milhões de ovinos, respetivamente, enquanto o Irão e o Sudão ocupam o quarto e o quinto lugares, com cerca de 54 e 52 milhões de ovinos, respetivamente. A Nigéria ocupa o sexto lugar, com cerca de 35,5 milhões de ovinos.

População e distribuição de ovinos na Nigéria

Uza *et al.* (1999) referiram que a distribuição das raças autóctones de ovinos varia consoante as zonas ecológicas a que estão mais adaptadas. Lawal-Adebowale (2012) calculou a população de ovinos na

Nigéria em 22,1 milhões. No entanto, a maior parte da população animal (70%) está concentrada na região norte do país, em comparação com a região sul. Os relatórios existentes indicam que a distribuição dos ovinos na Nigéria não é uniforme; a população de ovinos é maior no norte mais seco do que no sul húmido (Otchere *et al.*, 1981, Lawal-Adebowale, 2012). Não obstante esta situação, certas raças de ovelhas, em particular a espécie anã da África Ocidental (WAD), estão especialmente adaptadas à região sul (húmida) do país e são habitualmente criadas por famílias rurais na região (Lawal-Adebowale, 2012).

Raças autóctones de ovinos na Nigéria

Existem quatro raças principais de ovinos na Nigéria: A Anã da África Ocidental (WAD), Yankasa, Uda e Balami (Osinowo e Adu, 1985).

O carneiro anão da África Ocidental

Esta raça tem pernas curtas e é encontrada na zona húmida do sul da Nigéria e nas zonas da cintura média. A cor da pelagem dos animais varia, mas predomina a cor preta. O macho tem chifres, enquanto a fêmea não tem chifres. É a mais pequena das raças de ovinos da Nigéria, com um peso corporal adulto que varia entre 18 e 25 kg. A raça é tripanotolerante porque se desenvolve em zonas muito infestadas pela mosca tse-tse (Adu e Ngere, 1979). O crescimento é bastante lento, mas as ovelhas tendem a amadurecer cedo, e o primeiro parto pode ocorrer aos 12-14 meses.

A ovelha yankasa

A raça Yankasa tem pernas compridas e encontra-se principalmente nas zonas sub-húmidas e semi-áridas do país, mas pode também desenvolver-se na zona húmida, após uma introdução recente. É uma raça de ovinos pertencente principalmente às tribos Hausa, embora seja criada pelo povo Fulani do Centro-Norte da Nigéria (Devendra e Mcleroy, (1982). É a mais numerosa e amplamente distribuída de todas as raças de ovinos nigerianas. É de tamanho médio, peluda e tem uma pelagem predominantemente branca com manchas pretas à volta dos olhos, orelhas, focinho e cascos. O peso do carneiro adulto varia entre 30 e 45 kg (Adu e Ngere, 1979) e 55 e 60 kg (Devendra e Mcleroy, 1982). Uma ovelha adulta pesa entre 20-40 kg (Adu e Ngere, 1979).

Ovelha uda (ouda)

Trata-se de uma raça de grande porte, de pernas compridas e perfil facial convexo, que se encontra na zona da savana do Sudão, especialmente na parte noroeste da Nigéria. Acredita-se que seja maioritariamente propriedade da tribo Fulani. Tem um padrão de cor caraterístico da pelagem em torta, com uma cabeça e quartos dianteiros totalmente pretos ou castanhos e quartos traseiros brancos. As ovelhas não têm cornos, mas o carneiro tem cornos longos em espiral. O peso médio dos machos e das fêmeas na maturidade é de 65 kg e 39 kg, respetivamente (Williamson e Payne, 1980).

A ovelha balami

A ovelha Balami tem o maior tamanho corporal de todas as raças de ovelhas nigerianas e tem pernas compridas. Encontra-se predominantemente na zona semi-árida da Nigéria, principalmente na parte nordeste do Estado de Borno, na Nigéria. A sua pelagem é predominantemente branca, a cauda é longa e fina, a face é pronunciadamente convexa e as orelhas grandes e caídas. As ovelhas são polidas (sem chifres), enquanto o carneiro tem uma barbela com crina e chifres proeminentes. Os pesos maduros do carneiro e da ovelha variam entre 45-60 kg e 30-45 kg, respetivamente (Adu e Ngere, 1979).

Consumo voluntário de alimentos para animais

A digestibilidade de um alimento é definida com maior exatidão como a proporção que não é excretada nos alimentos e que, por conseguinte, se presume ser absorvida pelo animal. A digestibilidade é afetada pela composição química, pelo estádio de maturidade da forragem e também pela transformação e pelos tratamentos químicos. O consumo voluntário de ração e a digestibilidade da energia diminuem à medida que o teor de proteína bruta das forragens diminui (McDonald *et al.*, 2011).

As cabras utilizam mais os alimentos com elevado teor de fibras do que as ovelhas (Adebowale, 1983). As cabras necessitam de um teor mínimo de fibra na sua alimentação para uma utilização eficaz dos nutrientes. O aumento do teor de fibra bruta na ração não afectou a ingestão de matéria seca nos caprinos, ao passo que um nível de fibra bruta superior ou igual a 15% na ração reduziu a ingestão de matéria seca nos ovinos (Adebowale e Ademosun, 1981).

Nos ruminantes, o rúmen é o maior compartimento, onde milhões de bactérias crescem em condições anaeróbicas (pouco oxigénio). Estas bactérias são responsáveis pela digestão da fibra (celulose) e são a razão pela qual os ruminantes podem consumir uma grande variedade de subprodutos alimentares derivados do processamento de plantas para alimentação humana. As indústrias pecuárias dos países desenvolvidos utilizam a maioria destes subprodutos altamente fibrosos como componentes de alimentos para bovinos, ovinos e caprinos. O valor nutritivo ou o teor energético de um alimento influenciaria a quantidade de alimento que um animal consumiria. A ingestão e a digestibilidade, por sua vez, determinariam o potencial produtivo do alimento, por exemplo, para apoiar a síntese do leite ou o crescimento muscular. No entanto, os estudos com animais vivos *(in vivo)* para determinar a digestibilidade dos alimentos são morosos, laboriosos, dispendiosos e requerem grandes quantidades de alimentos. Tais experiências não são adequadas para a avaliação rápida e rotineira dos alimentos efectuada pelos laboratórios comerciais que fornecem informações sobre os alimentos aos produtores de gado e aos fabricantes de alimentos para animais.

Nos ensaios de digestibilidade, os alimentos em estudo são normalmente dados aos animais em quantidades conhecidas e a produção de fezes é medida. Os animais são expostos aos alimentos durante, pelo menos, uma semana antes de se iniciar a recolha de fezes. Isto é feito para habituar os animais à dieta e para limpar o trato gastro intestinal de resíduos de alimentos anteriores. Este período preliminar é seguido por um período em que se regista a ingestão de alimentos e a produção de fezes. É altamente desejável que a dieta seja dada à mesma hora todos os dias e que a quantidade de alimento não varie de dia para dia (McDonald *et al.*, 2011).

O ambiente ruminal

O ambiente ruminal parece ser influenciado pelo tipo e quantidade de alimentos ingeridos. Há uma mistura periódica através da contração do rúmen com ruminação, difusão ou secreção no rúmen, absorção de nutrientes do rúmen e passagem de material pelo trato digestivo (Preston e Leng, 1987). Em circunstâncias anormais, o ambiente ruminal é drasticamente desorganizado. A introdução repentina de uma dieta não incluída na ração oferecida, como grãos, pode induzir acidose (Preston e Leng, 1987). Isto pode dever-se a uma queda do pH ruminal, ao crescimento de streptococcus bovis e à acumulação de ácido lático. A saliva ajuda a manter o estado fluido do ambiente ruminal, facilitando assim o acesso dos microrganismos aos materiais vegetais. A qualidade da saliva segregada pelos ruminantes depende da dieta. A saliva, uma solução tamponada com um pH de cerca de 8, contém uma elevada concentração de iões sódio e fosfato. Tanto a saliva como o movimento do bicarbonato através do epitélio ruminal mantêm o pH ruminal dentro de limites estreitos (Preston e Leng, 1987).

O licor ruminal tamponado favorece o crescimento de bactérias anaeróbias, fungos e protozoários. No entanto, para uma fermentação contínua, o pH ruminal deve ser constantemente mantido a um nível neutro para garantir a absorção dos AGV. A biomassa de micróbios no rúmen é também mantida a um nível constante pela passagem dos micróbios pelo sistema digestivo. O metano e o dióxido de carbono são produzidos como produtos finais da fermentação. Com um pH ruminal baixo, o dióxido de carbono sai da solução e acumula-se numa bolsa do saco dorsal. O metano e o dióxido de carbono são largamente eliminados por eructação (Dougherty *et al.*, 1964). Com um pH elevado, a maior parte do dióxido de carbono produzido pela fermentação ou que entra na saliva é absorvido e excretado através dos pulmões (Preston e Leng, 1987).

Os micróbios ruminais são importantes porque fornecem enzimas que podem digerir o componente fibroso dos alimentos, enquanto os animais não produzem tais enzimas. Podem utilizar formas simples de azoto, como a ureia, para sintetizar as suas proteínas celulares. Este facto reduz a dependência dos ruminantes de proteínas alimentares de elevada qualidade. Sintetizam as vitaminas do complexo B e, consequentemente, o animal não está totalmente dependente do fornecimento destas vitaminas através da alimentação.

O ecossistema microbiano no rúmen é complexo e altamente dependente da dieta. A grande maioria dos ruminantes consome uma mistura de hidratos de carbono, dos quais a celulose e as hemiceluloses são os principais componentes. No entanto, por vezes, a dieta pode conter grandes quantidades de hidratos de carbono solúveis ou amido (por exemplo, melaço ou cereais).

As plantas desenvolveram estruturas moleculares nas suas paredes celulares especificamente para impedir a invasão por microrganismos. Os principais agentes que decompõem os hidratos de carbono no rúmen são as bactérias anaeróbias, os protozoários e os fungos. As bactérias anaeróbias são os principais agentes de fermentação dos hidratos de carbono da parede celular das plantas, mas os fungos fitomicetos anaeróbios (Bauchop, 1981) podem, por vezes, ser extremamente importantes. Existe uma estreita relação entre os fungos e outros micróbios no rúmen, uma vez que os fungos parecem ser o primeiro organismo a invadir a parede celular das plantas, o que permite que a fermentação bacteriana se inicie e continue (Preston e Leng, 1987). Algumas bactérias no rúmen assumem uma associação simbiótica, em que um organismo utiliza os produtos da fermentação de outro e a remoção do produto final permite a continuação da fermentação da fonte primária de alimentos pelo primeiro organismo (Preston e Leng, 1987).

Papel do amoníaco na fermentação ruminal

Entre 40 e 60 % do conteúdo de matéria seca das células microbianas são proteínas, pelo que a síntese de aminoácidos e proteínas são as reacções que requerem ATP. As vias de síntese de aminoácidos nos micróbios do rúmen não estão claramente definidas. No entanto, é bastante claro que o amoníaco-N é muito importante para a síntese eficiente de aminoácidos e, por conseguinte, de proteínas microbianas (Satter e Slyter, 1974). A um nível baixo de amoníaco no fluido ruminal, as reacções que fixam o amoníaco em ácidos requerem ATP, ao passo que, quando o nível de amoníaco é elevado, acima de um determinado valor ótimo, o amoníaco é incorporado em aminoácidos sem utilizar ATP (Satter e Slyter, 1974). Foi sugerido (Satter e Slyter, 1974) que a taxa máxima de síntese microbiana ocorre em concentrações de amoníaco N entre 5 e 8 mg N/ml. Outros investigadores encontraram opções diferentes, sugerindo que a dieta influencia o nível ótimo de amoníaco. Outro estudo (Schaefer *et al.*, 1980) sugere que o valor pode ser tão elevado como 14 mg N/100 ml, dependendo da dieta. A elevada concentração de amoníaco necessária para um crescimento celular máximo sugere que os microrganismos do rúmen têm provavelmente um mecanismo semelhante para a incorporação de amoníaco através da glutamato desidrogenase.

Ácidos gordos voláteis

Os ácidos gordos voláteis (AGV) são os produtos finais da fermentação de hidratos de carbono por microrganismos. Os AGV predominantes no fluido ruminal são os ácidos acético, propiónico e butírico, estando os ácidos isobutírico, isovalérico, valérico e outros geralmente presentes em pequenas quantidades. A taxa e a extensão da produção destes ácidos são indicativas da atividade microbiana no rúmen. Bergmen (1990) referiu que a concentração de AGV individuais está relacionada com a natureza dos alimentos. Do mesmo modo, Robinson *et al.* (1986) referiram que a quantidade de AGV produzidos depende da extensão (degradabilidade efectiva) dos alimentos ingeridos.

Produção de metano a partir de alimentos para animais

Os ruminantes dependem dos microrganismos para digerir e fermentar a parede celular das plantas e os polissacáridos em fontes de energia, como os ácidos gordos voláteis (AGV) e outros ácidos orgânicos. Trata-se de um processo energeticamente dispendioso, uma vez que resulta na conversão de uma parte dos alimentos para animais em CH4, que é eructado como gás. Aproximadamente 6 % da energia bruta ingerida através da dieta é perdida para a atmosfera sob a forma de CH_4 (Holter e Young, 1992). A emissão de CH4 e de outros compostos orgânicos voláteis pelos ruminantes e o seu efeito na qualidade do ar atraíram a atenção das agências reguladoras do ar em muitas partes do mundo. O metano é visto como contribuindo para as alterações climáticas e o aquecimento global (Johnson e Johnson, 1995). O metano retém a radiação infravermelha terrestre de saída 20 vezes mais eficazmente do que o CO2, o que leva a um aumento da temperatura da superfície, e afecta diretamente as reacções de oxidação atmosférica que produzem CO2 na agricultura animal. Pode haver um potencial para reduzir a extensão da produção de CH_4 através da manipulação da dieta e das práticas de gestão que influenciam a fermentação microbiana dos ruminantes (Johnson e Johnson, 1995). A poluição ambiental proveniente de explorações leiteiras pode ser causada por sobrealimentação e/ou má sincronização da libertação de nutrientes no rúmen. Por conseguinte, foi feita uma tentativa de manipular a fermentação ruminal utilizando ionóforos, gorduras e culturas de leveduras (Johnson e Johnson, 1995). Por exemplo, a adição de monensina às rações de bovinos leiteiros diminuiu a produção de CH4, diminuiu a ingestão de alimentos e aumentou a produção de leite (Saur *et al.*, 1998), sugerindo que a redução da produção de CH4 por unidade de alimento ingerido está associada à melhoria da eficiência da utilização dos alimentos. Foi registada uma influência supressora do teor de gordura da ração na produção de CH4 (Saur *et al.*, 1998). Não é apenas a quantidade total de gordura, mas também a sua composição que exerce influências biologicamente importantes na fermentação ruminal (Getachew *et al.*, 2001; Fievez *et al.*, 2003). Getachew *et al. f2005*) observaram diferenças no metano produzido a partir da incubação de rações totais mistas (TMR) comerciais para vacas em lactação. A proporção de CH4 no gás total foi produzida às 48 e 78 horas, dando uma média de 33,8 ml de CH4/g de MS às 24 horas de incubação. Aproximadamente 0,80 do CH4 total foi produzido durante as primeiras 24 horas de fermentação.

Necessidade de água dos ovinos

A água representa cerca de 70 % do peso corporal total dos ovinos em crescimento e é a mais simples de todas as substâncias presentes nos alimentos e, no entanto, a mais importante e provavelmente a mais negligenciada de todos os nutrientes (Church, 1979; Singal e Mudgal, 1981; Aganga, 1992). É uma dieta essencial para todas as classes de gado. A água não é apenas um requisito importante para o crescimento, também funciona para dar ao corpo a sua forma e turgidez, actua como solvente para o transporte de nutrientes e produtos residuais, ajuda a regular a temperatura do corpo devido ao seu elevado calor específico e elevado calor latente de vaporização, é importante na digestão e em muitas reacções bioquímicas no corpo, bem como um bom lubrificante e um componente do sangue e dos tecidos. É um constituinte de todas as células vivas. Para além das necessidades específicas de produção, a água é constantemente necessária para equilibrar as perdas contínuas de fluidos dos rins, do trato intestinal, da pele e dos pulmões.

O tipo de animal, a alimentação e as variáveis meteorológicas, especialmente a temperatura, têm influência no consumo de água (McFarlane et al., 1966; Aganga, 1992; El-Badawi e Gado, 1998). As temperaturas elevadas, associadas a uma humidade relativa baixa, impõem um grande stress hídrico aos animais, constituindo assim uma grande ameaça para a produção animal. O fornecimento de uma quantidade adequada de ração equilibrada não é uma garantia da sua utilização se a água não for fornecida na quantidade necessária.

Produção de leite

O leite é um fluido complexo composto por várias fases que podem ser separadas por centrifugação numa camada de nata, numa fase aquosa e num pellet de duas fases (Neville, 1995). É uma emulsão de uma solução aquosa de açúcar, sal mineral e proteína coloidal (O'Mahony e Peters, 1987). Contém nutrientes como a lactose, que fornece energia, proteínas para o crescimento e manutenção de todas as células do corpo, gordura e sabor, vitaminas e minerais. O colostro é o primeiro leite de mamíferos parturientes 3-4 dias após o parto. O colostro difere do leite normal na sua composição. É também enriquecido com anticorpos, que ajudam a proteger os jovens contra doenças e infecções.

O leite tem sido uma das primeiras dietas dos seres humanos e de outros mamíferos. As suas proteínas representam uma das mais importantes fontes de aminoácidos essenciais para os seres humanos (Mohammed e Mohammed, 1989). Ao longo dos anos, o consumo de leite tem vindo a diminuir na Nigéria. O declínio da produção e o aumento da procura levaram à importação desta importante fonte de proteínas. No entanto, nem todos os cidadãos podem suportar o custo da compra do leite importado, causando assim a prevalência de várias formas de doenças carenciais, como o kwashiorkor e lesões cerebrais irreversíveis.

A principal razão pela qual a Nigéria não consegue produzir as suas necessidades de leite é o facto de aceitar a vaca como o único animal leiteiro, enquanto as ovelhas e as cabras são criadas para a produção de carne, peles e couros. As ovelhas e as cabras produzem mais leite em relação ao peso corporal do que as vacas. As ovelhas, tal como as cabras, são mais fáceis de manusear e manter do que os grandes ruminantes e a necessidade de terra e de capital para produzir ovelhas é baixa. As ovelhas produzem mais descendentes e têm uma duração de gestação de 5 meses num único ano, o que não é possível para a vaca. Além disso, gasta-se menos em medicamentos, pois as ovelhas são resistentes à maioria das doenças endémicas das regiões tropicais. Wilson (1984) referiu que quase todas as famílias têm ovelhas e cabras nas zonas rurais da Nigéria.

Valor nutritivo do leite de ovelha

Verificou-se que o leite de ovelha tem um valor nutritivo superior ao do leite humano e de cabra em todos os aspectos, exceto na lactose (Park *et al.*, 2007). Num estudo comparativo dos constituintes do leite de bovino, ovino e caprino, Ahamefule *et al.* (2003) referiram que o leite de ovelha continha uma percentagem mais elevada de sólidos totais do que os leites de vaca e de cabra. Foi relatado que a ovelha anã da África Ocidental produzia leite com um teor de gordura da manteiga significativamente mais elevado do que a vaca Fulani Branca ou a cabra WAD (Oguike e Udeh, 2009). A gordura do leite de ovelha contém duas vezes mais ácidos gordos de cadeia curta do que a gordura do leite de vaca (Ponce de Leon-Gonzalez, 1997). Verificou-se que contém alguns nutrientes importantes, tais como proteínas, cálcio, ferro, magnésio, zinco, tiamina, riboflavina, vitamina B6, B_{12}, D, ácidos gordos de cadeia média (que limitam a deposição de colesterol), ácidos monoinsaturados, ácido linolénico e todos os 10 aminoácidos essenciais do que o leite humano, bovino e caprino em todos os aspectos, exceto na lactose, e é bacteriologicamente estéril (Buffano *et al.*, 1996, Park *et al.*, 2007). O elevado teor de vitamina D e de cálcio do leite de ovelha ajuda a combater a osteoporose. O leite de ovelha tem propriedades laxativas e é cerca de 50% mais rico em vitamina B do que o leite de vaca, o que o torna muito útil no tratamento de indigestão neurótica, insónia e reumatismo. Tem também uma maior digestibilidade e pode ser prescrito praticamente para todos os casos de dispepsia, úlcera péptica e estenose pilórica. É mais bem tolerada pelos bebés em fase de desmame ou pelas crianças susceptíveis de sofrer de intolerância às gorduras ou de acidose, devido à decomposição mais fácil dos glóbulos de gordura (Daniluk, 2006). Pode ser utilizado para tratar a incontinência urinária em crianças e idosos. É também utilizado no tratamento da asma, da pele, de doenças pulmonares e do eczema, devido ao seu elevado teor de cálcio e zinco. O iogurte e o queijo (Park *et al.*, 2007) preparados com leite de ovelha têm mais sabor. As ovelhas convertem melhor o caroteno em vitamina A e a quantidade de vitamina A no leite de ovelha é duas vezes superior à do leite de vaca. A riboflavina é mais elevada nos pequenos ruminantes, mesmo quando ambas as classes de animais são mantidas com dietas comparáveis, e também se diz que transferem mais rapidamente a vitamina E para o seu leite. O leite de ovelha e de cabra tem sido proposto como uma alternativa mais natural e com melhor sabor, com grande potencial nutricional e clínico (Adewumi *et al.*, 2001). O leite de ovelha pode ser transformado em queijo, manteiga e iogurte.

O leite de ovelha não é produzido e utilizado em escala comercial na Nigéria (Adewumi *et al.*, 2001). Ao contrário de alguns países africanos como o Sudão, a Argélia, o Mali e o Níger, onde a maior parte da sua produção de leite provém de pequenos ruminantes, o leite de ovelha continua a ser o recurso mais inexplorado na indústria pecuária da Nigéria (FAO, 1998). Tendo em conta o baixo estatuto socioeconómico das famílias rurais, que não se podem dar ao luxo de consumir a quantidade recomendada de proteínas animais, o leite de ovelha pode ser utilizado para melhorar o seu consumo de proteínas animais de uma forma muito rentável.

Influência da nutrição na qualidade do leite de ovelha

Bocquier e Caja (1999), relatando o efeito da nutrição na qualidade do leite de ovelha, no 5.° Simpósio de Ovinos Leiteiros dos Grandes Lagos, observaram que um nível elevado de nutrição reduz o nível de gordura do leite, mas aumenta a proteína e a caseína do leite. Por outro lado, um balanço energético negativo diminui a proteína do leite e aumenta a gordura do leite. A proteína do leite aumenta com o aumento do nível de proteína na dieta. Quando se alimentam níveis mais elevados de concentrado na dieta, a gordura do leite diminui e a proteína do leite aumenta. O grau de impacto da nutrição da ovelha na lactação será obviamente limitado pela capacidade potencial de produção de leite do animal, ditada pela genética.

Influência da genética na qualidade do leite de ovelha

Nos animais leiteiros, os investigadores descobriram que muitas das proteínas do leite podem existir em mais do que uma forma genética. Essas variantes genéticas das proteínas do leite também foram relatadas em ovelhas leiteiras (Kukovics *et al.*, 1998; Pirisi *et al.*, 1999). Foram registadas várias variantes genéticas com a composição do leite correspondente a cada uma delas. As ovelhas com capacidade genética para produzir a forma CC da caseína a_{si} terão geralmente concentrações mais elevadas de gordura e caseína no seu leite do que os animais que produzem a forma DD. As mesmas capacidades genéticas existem também para a 0-lacto globulina. No caso das ovelhas que produzem a forma CC da a_{si} caseína ou a forma AA da P-lactoglobulina, a gordura e a proteína mais elevadas no leite representarão um aumento potencial da produção de queijo a partir desse leite. No gado leiteiro, certas raças produzem uma predominância de certos fenótipos genéticos de proteínas do leite. Com mais investigação, isto também poderia ser completado para as raças leiteiras de ovelhas.

Alichanidis e Polychroniadou (1996) registaram a composição do leite de várias raças europeias e asiáticas. A gordura do leite variou de 5,33% a 9,05%, os sólidos totais variaram de 15,42% a 20,61%, enquanto as proteínas do leite variaram de 4,75% a 6,52% para as ovelhas Nadjii e Vlahico, respetivamente. Jordan e Boylan (1995) registaram que a gordura da manteiga variava entre 5,7% e 7,0% e que os sólidos totais variavam entre 16,8% e 18,7% para as raças Finn e Rambouillet nos EUA, que eram criadas mais para borregos de mercado.

Tabela 1: Efeito do fenótipo genético na composição do leite de ovelha.

Protein	*Phenotype*	*Fat, %*	*Protein, %*	*Casein, %*
α_{si}-Casein	CC	7.08	5.44	4.41
"	CD	7.00	5.30	4.26
"	DD	7.07	5.02	4.06
B-Lactoglobulin	AA	7.13	(5.17)	4.17
"	AB	6.30	(4.98)	4.09
"	BB	6.66	(5.01)	4.05

Fonte: Pirisi *et al.*, (1999)

Estabilidade de armazenamento do leite de ovelha cru congelado

Wendroff e Rauschenberger (2001) observaram que o leite cru de ovelha congelado em um freezer doméstico padrão a 5 °F (- 15 °C) não era tão estável quanto aquele congelado em uma sala de endurecimento comercial a - 18 °F (- 28 °C). Após 6 meses de armazenamento a 5 °F (- 15 °C), cerca de um terço da caseína foi desestabilizada e precipitou após o descongelamento. O leite cru armazenado a uma temperatura mais baixa manteve-se estável até [ao] período de amostragem de 9 meses. Poderão ser necessários estudos adicionais para determinar a causa da desestabilização da caseína no leite congelado. A precipitação da caseína foi registada no leite concentrado congelado. Esta desestabilização deveu-se aos sais do leite concentrado nos concentrados 3:1 congelados.

Factores animais na digestão de fibras microbianas

Os sistemas de alimentação animal e de alimentação podem ter um efeito significativo na digestão da fibra. Nomeadamente, a ingestão, as interações alimentares, as estratégias de alimentação e os aditivos alimentares influenciarão, até certo ponto, o crescimento microbiano e a subsequente digestão da fibra. A extensão da digestão da fibra é o resultado da competição entre as taxas de digestão e de passagem e, como tal, não é um valor estático. As taxas de renovação do líquido ruminal e das partículas estão positivamente correlacionadas com a ingestão. Assim, à medida que a ingestão aumenta, a digesta que flui do rúmen conterá partículas de alimentos em fases anteriores da digestão, o que resultará numa menor digestibilidade da matéria seca (Russell *et al.,* 1992). Dado que a taxa de degradação dos hidratos de carbono estruturais é da mesma ordem que a taxa de passagem, em níveis elevados de ingestão a depressão da digestibilidade dos hidratos de carbono estruturais pode ser duas a três vezes maior do que a dos hidratos de carbono não estruturais, de degradação mais rápida. Embora um nível elevado de ingestão possa deprimir a digestão ruminal da fibra, a compensação ocorre através do aumento da ingestão de energia bruta e da digestão do intestino grosso (Bourquin *et al.,* 1990).

Composição da fibra alimentar

A energia disponível no rúmen limita normalmente o crescimento das bactérias, e qualquer matéria orgânica adicional fermentada no rúmen em resultado da alteração da relação forragem/concentrado aumentará provavelmente a síntese de proteínas microbianas ao fornecer mais energia. Sniffen *et al.* (1992) sugeriram que a produção de bactérias era maximizada com um teor de forragem de 70% na matéria seca da dieta. Uma vez que os micróbios fermentadores de hidratos de carbono estruturais são normalmente limitados por um pH ruminal inferior a 6 (Hoover, 1986), a depressão na digestibilidade da fibra com taxas de inclusão mais elevadas de concentrado pode muito provavelmente ser explicada pela rápida degradação dos hidratos de carbono não estruturais. É provável que a digestão da fibra não seja maximizada com um único rácio forragem: concentrado; pelo contrário, dependerá das várias taxas de digestão dos hidratos de carbono estruturais e não estruturais fornecidos pela forragem e pelo concentrado. Este facto pode ser demonstrado indiretamente pelos estudos de Tamminga (1981), que não referiu qualquer relação entre a relação forragem: concentrado e o rendimento bacteriano.

Embora o processamento físico das forragens por trituração e peletização proporcione uma maior superfície de ataque às enzimas, a utilização dos hidratos de carbono estruturais não aumenta; pelo contrário, as melhorias no desempenho dos animais resultam principalmente de um aumento da ingestão de energia digestível (Bourquin *et al.*, 1990). De facto, a digestibilidade da fibra é reduzida em 3,3 % em resultado da redução do tempo de permanência no rúmen. Os tratamentos químicos, como o hidróxido de sódio, o hidróxido de potássio e o amoníaco, solubilizam parcialmente a hemicelulose e a lenhina, bem como hidrolisam os ésteres acéticos, fenólicos e ureicos. Fahey *et al.* (1993) referiram que o tratamento oxidativo da forragem com dióxido de enxofre ou peróxido resulta na degradação da lenhina e na solubilização extensiva de hidratos de carbono estruturais. A utilização de peróxido de hidrogénio alcalino, que é um processo hidrolítico e oxidativo combinado, pode melhorar a digestão da fibra. A utilização de peróxido de hidrogénio branco-

A utilização de fungos de podridão para converter materiais lignocelulósicos em alimentos mais digeríveis para ruminantes também tem sido intensamente investigada. A digestibilidade in vitro da matéria seca foi aumentada em 30% e 13% para a folha e o caule da palha de arroz, respetivamente

(Karunanandaa *et al.*, 1995). O tratamento com fungos melhorou a digestão do tecido mesofílico e melhorou o acesso dos microrganismos ruminais através do colapso dos feixes vasculares.

A utilização recente do termo fibra efectiva (FDNe) reconhece a diferente funcionalidade da fibra alimentar. A gordura do leite, a taxa de mastigação e o tamanho das partículas têm sido utilizados como um índice de fibra efectiva. Atualmente, o Cornell Net Carbohydrate and Protein System (CNCPS) utiliza a FDNe para ajustar o pH ruminal e a taxa de passagem (Sniffen *et al.*, 1992). Outros factores que influenciam o FDNe, para além do tamanho das partículas, incluem o grau de lenhificação da fibra, o grau de hidratação e a densidade aparente. A importância da FDN-e pode ser observada na redução da taxa de crescimento dos microrganismos estruturais fermentadores de hidratos de carbono e na redução do rendimento microbiano total quando o pH ruminal é inferior a 6,2 (o que está relacionado com uma FDN-e alimentar de 20 %). É necessária investigação para quantificar melhor o valor do FDNe para uma série de alimentos.

Robinson (1989) indicou que a digestão da fibra pode ser limitada pela ordem e frequência da apresentação do substrato no rúmen. Uma dieta totalmente mista proporciona um equilíbrio ótimo de nutrientes aos microrganismos, estabilizando assim a fermentação. O potencial para modificar o ambiente ruminal é talvez maior quando se pratica a alimentação separada, duas vezes por dia, de forragem e concentrado. A alimentação com dietas, especialmente aquelas que são altamente fermentáveis, mais frequentemente do que duas vezes por dia é geralmente considerada como estabilizando o ambiente ruminal. Esta redução da variação diurna dos produtos finais da fermentação, em conjunto com uma melhor

A associação de proteínas e energia e a libertação de energia no rúmen podem aumentar a taxa de digestão das fibras.

A adição de tampões e produtos alcalinizantes (bicarbonato de sódio, sesquicarbonato de sódio, óxido de magnésio, bentonite de sódio) à dieta de vacas leiteiras em lactação pode melhorar a digestão das fibras, reduzindo o período de tempo durante o dia em que o pH ruminal é inferior a 6. Um tampão pode ultrapassar as limitações à digestão da fibra em dietas com uma elevada proporção de silagens de pH baixo, alimentos fermentados com um teor de humidade superior a 50%, uma fibra detergente ácida < 19%, feno finamente picado, uma elevada proporção de concentrado, alimentação irregular de níveis elevados de concentrado ou concentrado finamente moído (Hutjens, 1992). O ionóforo monensina pode melhorar a digestão da celulose de dietas com elevado pH facilmente disponível (Russell *et al., 1992)*. O enchimento ruminal e a taxa de passagem também são influenciados. Outros ionóforos que produzem resultados semelhantes incluem a lasalocida, a salinomicina, a lisocelina, a narasina e a tetronasina (Wallace, 1994). É necessária mais investigação para determinar se estes funcionam como um agente antibacteriano ou antifúngico no rúmen e se as respostas de eficiência na raça animal são o resultado de efeitos ruminais ou pós-ruminais. A cultura de leveduras e os seus extractos, particularmente *Aspergillus oryzae e Saccharomyces cereviciae,* têm um efeito altamente variável no desempenho e na eficiência dos animais. Os micróbios de alimentação direta, ou probióticos, são organismos com a capacidade de manter um equilíbrio bacteriano no trato digestivo do animal hospedeiro durante situações de stress ou de doença. Pensa-se atualmente que estes aditivos removem o oxigénio do ambiente ruminal, aumentando assim a viabilidade das bactérias, e resultam na estabilidade do pH e no aumento da taxa de celulólise (Wallace, 1994). O desenvolvimento futuro de estirpes de probióticos para estimular o crescimento de tipos específicos de bactérias ruminais pode resultar em aditivos específicos para a dieta. Recentemente, a utilização de enzimas extracelulares que foram protegidas do processo digestivo foi proposta como um método para melhorar a digestão da fibra (Wallace, 1994).

Subprodutos agrícolas e suas caraterísticas

Apenas uma parte dos produtos agrícolas pode ser utilizada pelo próprio homem. A quantidade de subprodutos disponíveis para alimentar os animais de criação é bastante considerável. As quantidades e qualidades dos subprodutos variam consideravelmente consoante as culturas, as espécies, as variedades, o clima, a estação do ano, a região e o estádio da colheita. As partes mais importantes das forragens grosseiras são as partes aéreas (caules, folhas). Estas podem ser utilizadas frescas ou secas, cortadas ou pastadas, no campo ou no estábulo.

Os animais consomem, de facto, quantidades consideráveis de subprodutos das culturas. Estes subprodutos, que contêm uma grande quantidade de material fibroso, não são fáceis de eliminar porque podem causar poluição ambiental. Além disso, os subprodutos contêm normalmente uma quantidade bastante elevada de substâncias fibrosas e, com o aumento da produção de produtos de base, a quantidade de resíduos de culturas irá certamente aumentar.

As estatísticas sobre a produção e utilização de resíduos fibrosos na Nigéria são inadequadas. No entanto, a produção de forragens grosseiras pode ser estimada com bastante precisão a partir da produção vegetal, se existirem dados fiáveis. As forragens grosseiras de baixa qualidade encontram-se em terras de pastagem pobres. Inclui também uma enorme quantidade de resíduos de culturas de cereais, como palha de arroz, palha de trigo, palha de feijão, palha de milho, espigas de milho e cascas de arroz. Todos estes subprodutos são caracterizados pelo seu elevado teor de fibras. A análise das forragens grosseiras por procedimentos detergentes (Goering e Van Soest, 1970) mostrou que têm um elevado teor de lenhina, celulose e hemicelulose. Além disso, a maior parte dos resíduos de cereais caracteriza-se por ter um baixo teor de proteínas brutas, uma baixa energia disponível e uma deficiência em determinados minerais. Estas forragens grosseiras de baixa qualidade são utilizadas de forma ineficaz pelos ruminantes. Este facto deve-se à baixa digestibilidade e ao fraco valor nutritivo associado particularmente à palha de cereais. A sua utilização é também limitada devido à baixa ingestão voluntária dos animais e ao seu enorme volume, que torna o transporte mais dispendioso. Estes materiais não fornecem mais energia do que o feno de má qualidade, o TDN é inferior a 50 % e o valor do amido (SV) é inferior a 29 % (Balch, 1977). A composição química das forragens grosseiras varia consoante a variedade da planta, a localização (Van Soest, 1988), as práticas agrícolas utilizadas no cultivo da cultura e o manuseamento dos resíduos a partir dos quais são obtidas. Chahal (1985) referiu que as diferenças entre os resíduos de culturas e os resíduos de madeira se devem à sua composição química. Verificou que os resíduos de culturas contêm 30-40 % de celulose, 16-27 % de hemiceluloses, 3-13 % de lenhina e 3,6-7,2 % de proteínas brutas, enquanto os resíduos de madeira contêm 45-56 % de celulose, 10-25 % de hemiceluloses e 18-30 % de lenhina.

Determinação do valor nutritivo

A composição nutricional dos alimentos para animais é geralmente determinada principalmente por análises químicas. No entanto, tal não fornece informações suficientes para determinar o verdadeiro valor nutritivo dos alimentos. A eficiência com que um animal utiliza os nutrientes dos alimentos tem um impacto significativo no seu desempenho produtivo e na produção de resíduos.

O sistema de produção de gás in *vitro* ajuda a quantificar melhor a utilização dos nutrientes e a sua exatidão na descrição da digestibilidade no animal foi validada em numerosas experiências. As experiências com animais continuarão a acrescentar informações à nossa compreensão do metabolismo dos nutrientes. No entanto, quando aplicável, o sistema de produção de gás in *vitro* pode ser utilizado para prever o desempenho dos animais a um custo muito inferior. Com base na forte relação entre a digestibilidade medida e a prevista a partir da produção de gás, foi desenvolvida uma equação de regressão e o método foi normalizado. Além disso, o método pode avaliar o impacto das alterações biotecnológicas das plantas no seu valor nutritivo e outros factores que afectam a fermentação ruminal.

Melhorar a utilização de resíduos de baixa qualidade

A lignocelulose é constituída por lignina, hemicelulose e celulose. Devido à dificuldade em dissolver a lenhina sem a destruir e a algumas das suas subunidades, a sua estrutura química exacta é difícil de determinar (Howard *et al.*, 2003). Em geral, a lenhina contém três álcoois aromáticos (álcool coniferílico, sinapílico e P-cumarílico). A lenhina está ainda ligada à hemicelulose e à celulose. A formação de um selo físico em torno destes dois últimos componentes constitui uma barreira impenetrável que impede a penetração de soluções e enzimas.

Dos três componentes, a lignina é o mais recalcitrante à degradação, enquanto a celulose, devido à sua estrutura cristalina altamente ordenada, é mais resistente à hidrólise do que a hemicelulose. Foram utilizados métodos de hidrólise alcalina (Chahal, 1992) e ácida (Nguyen 1993) para degradar a lignocelulose. Os ácidos fracos tendem a remover a lenhina, mas resultam numa hidrólise deficiente da celulose, ao passo que o tratamento com ácidos fortes ocorre em condições corrosivas relativamente extremas de temperatura e pH elevados, o que exige a utilização de equipamento dispendioso. Além disso, ocorrem reacções laterais inespecíficas que produzem subprodutos não específicos, para além da glucose, que promovem a degradação da glucose e, por conseguinte, reduzem o seu rendimento.

Alguns dos produtos não específicos podem ser prejudiciais para a fermentação subsequente, a menos que sejam removidos. Existem também preocupações ambientais associadas à eliminação de ácidos e alcalinos usados. Para muitos processos, as enzimas são preferíveis aos ácidos ou alcalinos, uma vez que são biocatalisadores específicos, podem funcionar em condições de reação muito mais suaves, não produzem produtos indesejáveis e são amigas do ambiente.

Numa revisão recente, Malherbe e Cloete (2003) reiteraram que o potencial lignocelulósico da celulose é incrustado pela lignina dentro da matriz lignocelulósica. Expressaram a opinião de que uma combinação da tecnologia de fermentação em estado sólido (SSF) com a capacidade de um fungo adequado para degradar seletivamente a lenhina tornará possível a implementação à escala industrial de biotecnologias baseadas na lenhinocelulose.

Conceito de valorização dos resíduos agrícolas

Anualmente, são produzidos em todo o mundo cerca de 2 mil milhões de toneladas de cereais e 140 milhões de toneladas de leguminosas e sementes oleaginosas, que produzem cerca de 230 milhões de toneladas de material fibroso como parte de uma variedade de subprodutos (Choct, 1998). Nas leguminosas, os NSP também desempenham um papel como material de armazenamento de energia. O papel da fibra nas dietas dos monogástricos tem atraído muita atenção nos últimos anos devido ao facto de os NSP solúveis provocarem efeitos anti-nutritivos e de a utilização dos NSP como matéria-prima para alimentação dos monogástricos ser muito pobre. Uma utilização mais eficiente de nutrientes potencialmente utilizáveis para a produção de alimentos é, por conseguinte, de importância primordial para a sustentabilidade da agricultura no futuro.

Dierick (1989) defendeu uma maior utilização de recursos alimentares não convectivos na alimentação de não ruminantes. Sugeriu técnicas de transformação que são simples e pouco dispendiosas e que não aumentam significativamente os custos, mas que compensam em termos de disponibilidade de nutrientes. Há muitos anos que se defende a utilização de vários métodos químicos e bioquímicos para melhorar a digestibilidade e as qualidades nutricionais das palhetas. Contudo, a utilização de produtos químicos pode ser fastidiosa e dispendiosa, e os tratamentos posteriores para eliminar os efeitos secundários dos produtos químicos podem tornar o processo pouco económico. Assim, muitos investigadores (Han, 1978; Han e Anderson, 1975; Zadrazil, 1977, 1978; Kahlon *et al.*, 1990) defenderam métodos microbiológicos para melhorar a qualidade nutritiva dos resíduos vegetais. Os alimentos produzidos por esta via eram melhores do que os produzidos por métodos químicos e não se notavam efeitos secundários no gado. As tentativas de modificar o seu valor nutritivo envolveram a alteração da estrutura física, bem como modificações do complexo lingo-celulose através dos seguintes tratamentos:

Tratamento físico

Nos sistemas de pequenas explorações pecuárias, a maior parte dos tratamentos físicos dos resíduos de culturas são demasiado caros, o equipamento não está disponível ou é demasiado trabalhoso. Contudo, há vantagens em reduzir o tamanho das partículas (não necessariamente triturando-as), para ensilagem e alimentação parcelar. A redução do tamanho das partículas pode ser conseguida através da utilização de um picador motorizado. Existem outras vantagens: a área de superfície do material não-lignina é exposta ao ataque microbiano, o que aumenta a taxa de digestão, reduzindo assim uma possível limitação à ingestão (Van Soest, 1982).

Tratamento químico

O potencial para aumentar a digestibilidade e a ingestão de resíduos fibrosos através do tratamento com álcali tem sido amplamente investigado e revisto de forma exaustiva (Sundstol, 1988). O tratamento com ureia é de grande importância prática nas regiões tropicais, actuando como um álcali e uma fonte de azoto suplementar (N) para materiais inerentemente pobres em proteínas brutas. O procedimento de tratamento varia consoante as circunstâncias. Smith *et al.* (1989) verificaram que a ureia a cinco por cento em solução, adicionada a uma taxa de pelo menos 20 % de peso por peso de solução ao feno seco, seguida de um período de incubação de cinco semanas, proporcionou a maior melhoria. O caule tinha sido cortado por rotor antes do tratamento. O tratamento com ureia é relativamente fácil de aplicar e é eficaz. No entanto, a sua adoção ao nível das pequenas explorações agrícolas tem sido lenta. O custo é frequentemente citado como uma razão para este facto. O custo da ureia impede a sua utilização adequada e existe uma preocupação ambiental com a eliminação da ureia usada.

Tratamento biológico

Os subprodutos agrícolas são resíduos ricos em hidratos de carbono que representam uma fonte potencial de energia alimentar para os ruminantes. No entanto, o seu valor alimentar é limitado pela baixa degradação dos polissacáridos conseguida durante a digestão ruminal (Sundstol, 1988). A digestibilidade destes materiais é limitada pela presença de lenhina, que impede o acesso das enzimas hidrolíticas à celulose e à hemicelulose. Foram revistos vários trabalhos sobre o mecanismo de pré-tratamento, que vão desde a deslenhificação, sacarrificação, irradiação com electrões elevados, subdivisão em partículas de tamanho micro e imersão em álcali, que permitem uma melhor utilização dos hidratos de carbono alimentares pelas enzimas bacterianas (Millet *et al.,* 1970, Benvink e Mulder, 1989). Os tratamentos biológicos incluem a utilização de proteínas microbianas, antibióticos, probióticos, enzimas, ensilagem, etc. Estes constituem os métodos mais recentes de enriquecimento de alimentos para animais não digeríveis ou impregnados com os conhecidos antinutrientes. Dierick (1989) sublinhou que os polifenóis, como os taninos, não são removidos por tratamentos físicos ou químicos, mas sim por fermentação ou germinação. Mesmo o valor nutritivo do milho sob a forma de teores de lisina e triptofano, que conduzem a uma melhoria do valor biológico e das proteínas utilizáveis, foi conseguido através da germinação (Ram *et al.,* 1979). Para além da ensilagem, o aditivo mais recente para melhorar a qualidade da silagem é a ajuda biológica. Este envolve inoculantes microbianos e enzimas celulolíticas com manuseamento e aplicação fáceis e seguros. Não é volátil nem corrosivo, e tem como objetivo quebrar as paredes celulares para fornecer uma grande quantidade de substratos facilmente disponíveis (Dutton, 1987). Cowan *et al.* (1996) defendem que a adição de enzimas aos ingredientes dos alimentos para animais resulta numa melhoria da energia da matéria-prima. O nível de melhoria registado está relacionado com o tipo de energia e com a dosagem e está bem correlacionado com a especificidade do substrato das várias enzimas presentes. As fontes de enzimas microbianas, que representam 90 % das enzimas comerciais, utilizadas em todo o mundo (Underkoffler, 1972) são mais vantajosas do que as enzimas preparadas comercialmente. Algumas das vantagens encontradas na utilização de enzimas microbianas são: as enzimas microbianas não competem pelos tecidos glandulares dos animais com outros produtos mais caros fabricados a partir de um fornecimento limitado dos mesmos tecidos glandulares. Existe irregularidade e falta de previsibilidade dos fornecimentos provenientes de fontes não microbianas, que podem estar sujeitas a variáveis sazonais, climáticas e outras variáveis incontroláveis relacionadas com a agricultura. A produção a partir de fontes não microbianas não pode ser gasta à vontade em resposta a um aumento da procura. Os microrganismos, tanto aeróbios como anaeróbios, são capazes de produzir enzimas extracelulares para degradar macromoléculas como o amido, a celulose, a hemicelulose, a lenhina e a pectina das células vegetais (Priest, 1984), bem como proteínas e outros constituintes das membranas.

Os microrganismos que degradam a lenhina têm potencial para a deslenhificação selectiva de subprodutos agrícolas lignocelulósicos. Vários fungos de podridão branca foram estudados para efeitos de deslenhificação selectiva da palha como alternativa aos pré-tratamentos químicos e físicos (Zadrazil e Brunnert, 1981). Foi referido que várias estirpes de fungos de podridão branca removem a lenhina com uma degradação limitada da celulose e da hemicelulose (Agosin e Odier, 1985). Foi obtida uma melhoria da digestibilidade da palha de trigo utilizando *Dichomitus squalens* (Agosin e Odier, 1985) e *Cyathus stercoreus* (Wicklow *et al.,* 1980) em culturas semi-sólidas.

Os fungos da podridão branca e os fungos basidomicetes são provavelmente os microrganismos terrestres mais eficientes capazes de utilizar todos os polímeros dos resíduos de lignocelulose, que não estão disponíveis para o crescimento fúngico na sua forma macromolecular (Kirk, 1983). Wood (1991) relatou que tanto a reação hidrolítica como a oxidante são excitadas no substrato de lignocelulose, actuando para polimerizar os polímeros de lignocelulose em compostos de menor peso molecular que podem ser assimilados pelo fungo. Kirk (1975) acrescenta que, os fungos da podridão branca decompõem a madeira convertendo a lenhina eventualmente em CO_2 e H_2O. Os fungos da podridão branca e os fungos basidomicetes são capazes de produzir uma gama de enzimas lenhinocelulolíticas quando cultivados em vários meios adequados (Paice *et al.,* 1978, Erikson, 1981; Fan *et al.,* 1982 e Priest, 1983). Banjo *et al.* (2003) relataram que os fungos da podridão branca produzem uma série de enzimas extracelulares, tais como lignase, pectinolítica, celulolítica, lignocelulolítica e lignolítica. Produzem igualmente enzimas extracelulares modificadoras da lenhina, como a lacase e as lenhina peroxidases, durante o processo de degradação da lenhina. De acordo com Agosin *et al.* (1987), os seguintes fungos de podridão branca: *Pycnoporus cinnabarinus, Pleurotus ostreatus, Dichomitus squalens, Cyathus stercoreus, Vararia effusiata e Bjerkandera adusta* têm uma boa capacidade para degradar a lenhina e uma elevada seletividade para a remoção da lenhina. Os autores referiram ainda que *Phanerochaete_chrysosporium_foi* a estirpe mais rápida na atividade lignolítica, mas a degradação da celulose e da hemicelulose por este organismo foi extensa. Agosin e Odier (1985) observaram que a degradação da palha de trigo e a evolução da digestibilidade em culturas semi-sólidas com palha de trigo mostraram que apenas *Dichomitus squalens e Cyathus stercoreus* foram eficientes na melhoria da digestibilidade in vitro da matéria seca (DIVMS) com perda mínima de matéria seca. Os autores referiram que o aumento da DIMD da palha de trigo em culturas de *Dichomitus squalens_e Cyathus stercoreus _foi* de 6,3 %/dia e 5,0 %/dia, respetivamente. A digestibilidade in vitro da matéria seca (IVDMD) da palha decomposta por estes fungos atingiu 63 % e 68 %, respetivamente, contra 38 % para a estirpe sã com uma perda de matéria seca de 1520 %. No caso do *Cyathus stercoreus*, o aumento da IVDMD foi atingido após 15 dias de incubação.

As bactérias, as leveduras e os fungos podem crescer em substratos sólidos e encontrar aplicação em processos de fermentação de substratos sólidos (SSF). As bactérias estão principalmente envolvidas na compostagem, ensilagem e alguns outros processos alimentares (Doelle *et al.*, 1992). As leveduras podem ser utilizadas para a produção de etanol e de alimentos para consumo humano ou animal (Saucedo-Castaneda *et al.*, 1992). Mas os fungos filamentosos são o grupo mais importante de microrganismos utilizados no processo SSF devido às suas propriedades fisiológicas, enzimológicas e bioquímicas. O modo hifal de crescimento dos fungos e a sua boa tolerância a condições de baixa atividade da água (Aw) e de elevada pressão osmótica tornam os fungos eficientes e competitivos na microflora natural para a bioconversão de substratos sólidos (Raimbault, 1998). A transformação de resíduos, tais como cascas de soja e cascas de mandioca (Ofuya e Nwanjiuba, 1990), foi melhorada através da produção de enzimas pela técnica SSF. Os trabalhos de Belewu e Banjo (1999), Iyayi e Losel (2001) e Iyayi e Aderolu (2004), entre outros, mostraram claramente a utilização de microrganismos para transformar a lignocelulose em alimentos para animais.

O novo desenvolvimento da biotecnologia no domínio da produção animal envolve, pelo menos, quatro áreas principais: Melhoramento das espécies pecuárias através da tecnologia do ADN recombinante e da tecnologia de transferência de genes; gestão da saúde e do bem-estar dos animais; melhoramento dos resíduos de culturas para serem utilizados como alimentos para a produção animal e melhoramento dos alimentos para animais e perspectivas de manipulação da fisiologia e bioquímica dos animais (Teller e Vanbelle, 1993).

A possibilidade de recorrer a métodos biológicos de tratamento dos resíduos agrícolas é muito atractiva como alternativa à utilização de produtos químicos dispendiosos (em termos de dinheiro e de energia) e a poluição seria igualmente reduzida. No entanto, há que ter em conta que qualquer organismo cultivado deve obter a sua energia da palha. Os organismos que degradam as celuloses e as hemiceluloses são inúteis, uma vez que apenas esgotam a palha de nutrientes que o próprio ruminante pode digerir mesmo sem qualquer tratamento.

Um tratamento biológico bem sucedido deve basear-se na utilização de um organismo que degrade a lenhina. Embora não exista nenhum organismo que degrade apenas a lenhina, existem alguns, nomeadamente os fungos de podridão branca, que degradam mais lenhina do que celulose, deixando assim um resíduo com uma percentagem de lenhina inferior à do material original. As novas cadeias de celulose expostas à adsorção da enzima no período inicial da reação são restringidas pela limitação estrutural; podem ser adsorvidas mais moléculas de enzima à medida que mais superfícies novas são expostas em paralelo com o progresso da hidrólise da celulose cristalina (Akinfemi, 2011).

Fermentação em estado sólido

A transformação microbiana aeróbia de materiais sólidos ou "Fermentação de Substrato Sólido" (SSF) pode ser definida como a aplicação de organismos vivos e seus componentes a produtos industriais. O processo não é industrial em si mesmo, mas uma melhoria na tecnologia que terá um grande impacto em muitos sectores diferentes (Hamlyn, 1998). A fermentação em estado sólido é um processo em que o substrato sólido é decomposto por culturas mono ou mistas conhecidas de microrganismos em condições ambientais controladas, com o objetivo de produzir produtos de alta qualidade. O substrato é caracterizado por um teor de água relativamente baixo (Zadrazil *et al.,* 1990).

Foi referido que a SSF é um processo alternativo atrativo para a produção de enzimas microbianas fúngicas utilizando materiais lignocelulósicos a partir de resíduos agrícolas, devido ao seu menor investimento de capital e aos custos operacionais mais baixos (Haltrich *et al.,* 1996; Jecu, 2000). O processo SSF, pelas razões expostas, será ideal para os países em desenvolvimento. As fermentações em estado sólido caracterizam-se pela ausência total ou quase total ou quase total de líquido livre. A água, que é essencial para as actividades microbianas, está presente de forma absorvida ou em forma de complexos dentro da matriz sólida do substrato (Canel e Moo-Young, 1980). Estas condições de cultivo são especialmente adequadas para o crescimento de fungos, conhecidos por crescerem com actividades de água relativamente baixas. Como os microrganismos em SSF crescem em condições mais próximas dos seus habitats naturais, são mais capazes de produzir enzimas e metabolitos que serão ou não produzidos apenas em baixo rendimento em condições submersas (Jecu, 2000). As SSF são práticas para substratos complexos, incluindo resíduos e detritos agrícolas, florestais e de processamento de alimentos, que são utilizados como fontes de carbono para a produção de enzimas lignocelulolíticas (Haltrich *et al.*, 1996). Em comparação com o processo de hidrólise-fermentação em duas fases durante a produção de etanol a partir de produtos lenhinocelulósicos, Sun e Cheng (2002) referiram que a SSF tem as seguintes vantagens: aumenta a taxa de hidrólise através da conversão de açúcares que inibem a atividade da enzima (celulose); reduz a necessidade de enzimas; conduz a um maior rendimento do produto; mantém uma menor necessidade de condições estéreis, uma vez que a glucose é removida imediatamente e o etanol é produzido; opera num tempo de processo mais curto; e tem um volume de reator menor. Malherbe e Cloete (2003) reiteraram que o principal objetivo do tratamento da lignocelulose pelas várias indústrias é aceder ao potencial da celulose incrustada pela lignina na matriz lignocelulósica.

Expressaram ainda a opinião de que a combinação da tecnologia SSF com a capacidade de um fungo adequado para degradar seletivamente a lenhina tornará possível a implementação à escala industrial de biotecnologias baseadas na lenhinocelulose. Foram sugeridas novas aplicações da SSF para a produção de antibióticos (Barrios-Gonzalez *et al.*, 1994), metabolitos secundários (Trejo-Hernandez *et al.*, 1992, 1993) ou géneros alimentícios enriquecidos (Senez *et al.*, 1980). A SSF é um processo descontínuo que utiliza materiais naturais heterogéneos (Raimbault, 1998; Tengerdy, 1985), contendo polímeros complexos como a lenhina (Agosin *et al.*, 1989), a pectina (Oriol *et al.*, 1988) e a lenhinocelulose (Roussos, 1985). A SSF tem-se centrado principalmente na produção de alimentos para animais, enzimas hidrolíticas, ácidos orgânicos, giberelinas, aromas e biopesticidas.

Os microrganismos são atualmente a principal fonte de enzimas industriais: 50 % provêm de fungos e leveduras, 35 % de bactérias, enquanto os restantes 15 % são de origem vegetal ou animal. As enzimas microbianas são produzidas através de técnicas de fermentação submersa (SMF) ou de fermentação em substrato sólido (SSF). De acordo com o Instituto Central de Investigação Tecnológica Alimentar (CFTRI) da Índia, a produção de enzimas por SSF permite obter uma produtividade mais elevada por unidade de volume de espaço fermentado do que a técnica SMF. O processamento de resíduos, tais como cascas de soja e cascas de mandioca (Ofuya e Nwanjiuba, 1990), foi melhorado através da produção de enzimas pela técnica SSF. Os trabalhos de autores como Iyayi e Losel (2001), Belewu e Banjo (1999), Iyayi e Aderolu (2004), entre outros, mostraram claramente a utilização de microrganismos para transformar lignocelulose em alimentos para animais. Como todas as tecnologias, a SSF tem as suas desvantagens e estas foram objeto da atenção de Mudgett (1986). Os problemas normalmente associados à SSF são a acumulação de calor, a contaminação bacteriana, o aumento de escala, a estimativa do crescimento da biomassa e o controlo do teor de substrato.

Cultivo de fungos de podridão branca em fermentação em estado sólido

Foi relatado que a fermentação em estado sólido (SSF) é um processo alternativo para produzir enzimas microbianas fúngicas usando materiais lignocelulósicos de resíduos agrícolas devido ao seu baixo investimento de capital e baixo custo operacional (Haltrich *et al.*, 1996; Jecu, 2000). Os microrganismos lenhinolíticos são principalmente fungos que habitam a madeira e que são capazes de colonizar diferentes resíduos vegetais e aumentar a digestibilidade do substrato. A influência de espécies fúngicas na decomposição da palha de trigo e na digestibilidade e decomposição in *vitro* da lignina foi amplamente discutida por Zadrazil (1985). O comportamento fisiológico destes fungos em relação à degradação da lignocelulose pode ser usado para dividi-los em grupos, a, b, c e d. Os fungos do primeiro grupo, (a), decompõem o substrato sem degradar a lignina *(fungos de podridão castanha)*. A digestibilidade in *vitro* neste caso é negativa em comparação com a palha não tratada. Os exemplos são: *Agrocybe aegerita* e *Flammulina velutipes*. Podem ser obtidos resultados semelhantes através da cultura de fungos, bactérias ou leveduras inferiores em palha de cereais.

O segundo grupo (b) inclui fungos, que decompõem a parede de lenhina, mas outros componentes do substrato são decompostos apenas parcialmente. Neste caso, a digestibilidade in vitro aumenta. Exemplos são *Dichomitus squalens, Abortiporus biennis. Stropharia rugosoannulata, Pleurotus eryngi e P. caju.* O terceiro grupo, (c), inclui fungos que decompõem a lenhina e outros componentes do substrato, mas depois a digestibilidade in vitro diminui. Tal pode dever-se à toxicidade dos extractos de substrato para os microrganismos do rúmen utilizados para determinar a digestibilidade. O quarto grupo, (d), é constituído por fungos que decompõem a lenhina e outros componentes muito rapidamente e alteram a digestibilidade in vitro apenas parcialmente. Um exemplo é o *Sporotrichum pulverulentum*, que decompõe diariamente cerca de 3 % da matéria orgânica, mas não provoca alterações significativas na digestibilidade da palha de cereais (Zadrazil e Brunnert, 1982; Zadrazil, 1985).

A seleção de fungos adequados para a biodegradação é um passo importante para uma utilização eficaz da tecnologia SSF. Um fungo ideal deve ter uma elevada capacidade saprófita e de colonização e uma atividade lignolítica selectiva. Deve ser não patogénico e não tóxico para animais e seres humanos. Deve ser estável do ponto de vista genérico. Entre os fungos de podridão branca promissores encontrados para melhorar a degradabilidade ou a digestibilidade in vitro da palha de trigo encontram-se estirpes de *Cyathus stercoreus, Dichomitus squalens. Pleurotus spp, Phlebia radiate* e *Pycnoporus cinnabarinus* (Zadrazil e Brunnert, 1982). *Pleurotus tuber regium* é um cogumelo esclerócio comestível tropical que é utilizado como alimento e como medicamento. Na Nigéria, os nomes comuns dados a este cogumelo comestível diferem de grupo étnico para grupo étnico. No estado do centro-oeste, chama-se "Ofuako", no oeste da Nigéria, chama-se "Ohu", nas partes leste e central, chama-se "Osu". O povo Asaba do estado do Delta chama-lhe "Ufetu", enquanto os Ishans lhe chamam "Utun weromon". O povo Afemah da área Etsako Esat do estado de Edo chama-lhe "Itu" (Agu *et al.,* 2012).

Uma enorme tonelagem de resíduos agrícolas é produzida anualmente no mundo. Uma grande percentagem destes resíduos é queimada, especialmente nos países em desenvolvimento (Fasidi e Ekuere, 1993), enquanto uma fração é utilizada como alimento para animais. Sabe-se que a digestibilidade da lignocelulose está correlacionada com o teor de lignina. Para melhorar a digestibilidade das matérias lenhinocelulósicas, podem ser utilizados métodos físicos, químicos e biológicos de deslenhificação (Jackson, 1978), os fungos *de podridão branca* podem degradar a lenhina de forma selectiva (Zadrazil, 1985), aumentando assim não só a digestibilidade da lenhinocelulose como também o valor nutricional. A delignificação microbiana natural da madeira relatada na literatura (Philipi, 1983; Kirk e Moore, 1972) atesta o grande potencial dos fungos *de podridão branca* na melhoria da lignocelulose. Vários fungos *de podridão branca* foram estudados para a deslenhificação selectiva de resíduos agrícolas como uma alternativa aos pré-tratamentos químicos e físicos (Kirk e Moore, 1972; Zadrazil, 1980; Zadrazil e Brunnert, 1981).

Os principais problemas do melhoramento biológico da lignocelulose incluem encontrar organismos adequados (cujos padrões metabólicos diferem dos da flora e da fauna do rúmen), condições de cultivo favoráveis e um processo barato em grande escala. O processo proposto deve, por conseguinte, ser simples e suscetível de ser implementado por uma tecnologia de baixo custo. A fermentação em estado sólido (SSF) é conhecida há séculos e utilizada com sucesso para o processamento de alimentos em diferentes países, (Reade e Gregory, 1975;

Zadrazil, 1977; Kahlon *et al.,* 1990; Bau *et al.,* 1994). A fermentação em estado sólido de matérias lenho-celulósicas , que conduz à produção de alimentos para animais e para consumo humano e de composto usado para a descontaminação dos solos, é económica e pode ser praticada sobretudo nos países em desenvolvimento.

Influência da composição e qualidade do substrato

Diferentes substratos, incluindo serradura de faia, casca de arroz, colza, cana e girassol, foram testados com diferentes fungos para a decomposição da matéria orgânica, decomposição da lenhina e digestibilidade in vitro (Zadrazil, 1980). Cada substrato foi submetido a 60 dias de SSF por cada fungo. Todos estes factores dependiam fortemente das espécies de fungos e do tipo de substrato de resíduos vegetais. *Pleurotus spp., Dichomitus squalens, Abortiporus biennis e Stropharia rugosoannulata* mostraram uma boa decomposição da lenhina e aumentaram a digestibilidade in vitro de todos os substratos, exceto a casca de arroz. *Agrocybe aegerita, Flammulina velutipes, Volariella volvaceae* e outros fungos de podridão castanha decompuseram a lenhina modificada apenas em pequena medida e diminuíram a digestibilidade in vitro. No entanto, o tratamento da casca de arroz com fungos *de podridão branca* não melhorou a sua digestibilidade; este efeito é provavelmente causado pela elevada incrustação da casca de arroz com SiO_2.

Influência da temperatura de fermentação

A temperatura de fermentação influencia não só a taxa de decomposição da matéria orgânica mas também a sequência de decomposição dos componentes do substrato. Com todos os fungos estudados, o aumento da temperatura entre 22 ° e 30 °C aumentou a taxa de decomposição da matéria orgânica (Zadrazil, 1977; Moo - Young *et al.,* 1978). Grandes diferenças nas taxas de decomposição da palha causadas pela temperatura foram observadas para *Pleurotus cornicopiae* e *Stropharia rugosonnulata.* Uma correlação positiva entre o aumento da temperatura e a decomposição da lenhina ou a digestibilidade in vitro só foi visível para a *Stropharia rugosoannulata.*

Influência do período de fermentação

O crescimento e os ciclos de vida dos fungos no substrato podem ser distinguidos nos períodos de colonização do substrato, maturação do fungo, indução de corpos de frutificação e autólise. Durante a primeira fase de crescimento fúngico e colonização do substrato, o conteúdo das substâncias digeríveis para os ruminantes diminui (Zadrazil, 1977). Imediatamente após a colonização, a digestibilidade in vitro do substrato fúngico aumenta, mas diminui posteriormente em substratos velhos que têm um teor relativamente elevado de minerais acumulados. Em condições favoráveis, alguns fungos podem mineralizar totalmente a palha de cereais durante um período de fermentação de 80-100 dias (Zadrazil, 1985).

Influência da suplementação de azoto

Verificou-se que a suplementação do substrato com NH4NO3 altera a taxa de decomposição e a sequência de decomposição dos componentes do substrato. *Stropharia rugosoannulata, Agrocybe aegerita* e *Pleurotus sp. Floridu* foram estimulados durante a decomposição do substrato pela adição de uma baixa concentração de NH_4NO_3 (Zadrazil e Brunnert, 1982). Uma diminuição na digestibilidade *in vitro* da mistura de substrato foi observada em todos os fungos quando o substrato recebeu concentrações mais altas de NH4NO3.

Influência da relação entre a fase líquida e a fase gasosa do substrato

Com o aumento do teor de água e o volume constante do substrato, o teor de ar do substrato diminui. Isto resulta num aumento da tensão da água e no inchaço do substrato. Todos os fungos investigados mostraram um bom crescimento em substratos com teores de água variáveis (de 15 - 25 ml de água/25 g de palha). Tanto com os teores de água mais baixos como com os mais altos, verificou-se que a taxa de decomposição da matéria orgânica total diminuiu. Do mesmo modo, a decomposição da lenhina e a acumulação de substâncias digeríveis também diminuem. Os fungos mostraram um crescimento ótimo específico para vários teores de ar e água do substrato (Zadrazil e Brunnert, 1982).

Influência da composição da fase gasosa

Verificou-se que as perdas de matéria orgânica e de lenhina após a fermentação da palha de trigo com *Pleurotus sajor caju* são mais elevadas numa atmosfera com 100 % de oxigénio (Kamra e Zadrazil, 1986), seguidas das perdas no ar no caso de *P. eryngii*. O dióxido de carbono a 1 - 20 % na atmosfera não influencia a perda de matéria orgânica nem a degradação da lenhina, mas a 30 % de concentração a perda de matéria orgânica aumenta ligeiramente e a degradação da lenhina diminui consideravelmente. A lenhina é degradada a uma taxa muito mais baixa com menos de 20 % de oxigénio na atmosfera. O aumento da digestibilidade in *vitro* é mais elevado em oxigénio puro, seguido do aumento em ar. O dióxido de carbono a 1-10 % influencia positivamente o aumento da digestibilidade, mas a uma concentração mais elevada a digestibilidade é reduzida (Kamra e Zadrazil, 1986).

Os metabolitos gasosos da degradação fúngica da palha têm uma forte influência na mineralização da matéria orgânica, na perda de lenhina e na digestibilidade in vitro. A influência na composição do substrato após diferentes tratamentos com metabolitos gasosos é referida na literatura (Buta *et al.*, 1989; Chiavari *et al.*, 1988).

Os polissacáridos não amiláceos e os constituintes da parede celular das plantas

Os hidratos de carbono, que incluem o açúcar de baixo peso molecular (LMW), o amido e vários polissacáridos não amiláceos (NSP) da parede celular e de armazenamento, são as fontes de energia mais importantes para os animais não ruminantes e ruminantes (Bach Knudsen, 1997). Os NSP e a lenhina são os principais componentes da parede celular e são geralmente designados por fibra alimentar (Theander *et al.*, 1994). Dusterhoft *et al.* (1991) observaram que as NSP intracelulares, como os frutanos e os mananos, podem também ser constituintes de alguns materiais vegetais.

As paredes celulares das plantas são constituídas por uma série de polissacáridos frequentemente associados e/ou substituídos por proteínas e compostos fenólicos em algumas células, juntamente com o polímero fenólico lignina (Selvendran, 1984; Theander *et al.*, 1993). Bach Knudsen (1997) referiu que os blocos de construção dos polissacáridos da parede celular incluem: pentose; arabinose e xilose, as hexoses; glucose, galactose e manose, as 6 desoxi-hexoses; ramnose e fucose e os ácidos urónico, glucorónico e galacturónico. Os principais polissacáridos da parede celular das plantas, de acordo com Selvendran (1984) e Theander *et al.* (1993), são a celulose, os arabinoxilanos, os D-glucanos de ligações mistas (1-3, 1-4) (0-glucanos), os xiloglucanos, os xilanos, os ramnogalcturonanos e os arabinogalactanos.

Entre os numerosos tipos de polímeros da parede celular (Chesson, 1995), podem ser selecionadas cinco classes principais de fibras de acordo com a sua estrutura química e as suas propriedades: 4 classes de polímeros insolúveis em água (lenhina, celulose, hemiceluloses e substâncias pécticas) e uma classe de vários NSP e oligossacáridos solúveis em água. Oldale (1996) concluiu que os NSP da parede celular das plantas - celulose, hemicelulose, pectina, lenhina e proteína - também se encontram na parede celular das plantas, no entanto, o autor observou que a fração de NSP representa 70-95 % da parede celular.

Lignina

A lenhina pode ser descrita como uma rede ramificada de unidades de fenilpropano (Bach Knudsen, 1997). Selvendran (1984) descreveu a lenhina como um polímero aromático amorfo de elevado peso molecular, composto por resíduos de fenilpropano. As lenhinas estão parcialmente ligadas à celulose da parede celular e a polissacáridos não celulósicos. São formadas no local das lenhificações pela desidrogenação enzimática e subsequente polimerização dos álcoois *coniferílico*, sinapílico e *P-cumárico*, sendo as unidades monoméricas derivadas destes álcoois designadas por resíduos de guiacil (3-metoxil 4-hidroxil fenil propano) e *P-cumaril* (4-hidroxil fenil propano), respetivamente (Selvendran, 1984).

Nas plantas vivas, as lenhificações desempenham fisiologicamente duas funções principais. Cimentam e ancoram as microfibrilhas de celulose e outros polissacáridos da matriz, o que pode endurecer a parede, impedindo assim a degradação bioquímica e os danos físicos da parede (Bach-Knudsen, 1997). Estas propriedades da parede lenhificada são importantes no teor de fibra alimentar porque minimizam a degradação bacteriana das paredes no intestino dos animais e do homem. Van Soest e McQueen (1973) referiram que a lenhina é geralmente considerada como a principal fração não hidrato de carbono na parede celular das plantas e a fonte de tal resistência à degradação microbiana. Gordon *et al.* (1983) referiram, no entanto, que a lenhina não é apenas um componente da matriz lenhinocelulósica; também faz parte do complexo lenhina-carbohidratos estabilizado pelo ácido fenólico (ácido ferúlico, ácido 4-cumárico) e pelo acetil constituinte da parede celular. Os complexos de lenhina-carbohidratos são geralmente modificados quimicamente durante o ataque microbiano e não são recuperados em fibra detergente ácida (Gordon *et al.,* 1983).

Anderson e Chen (1979) indicaram que a lenhina é praticamente insolúvel em ácido forte ou alcalino e não é digerida ou absorvida no cólon. A lenhina pode ligar-se aos sais biliares e a outros materiais orgânicos e pode atrasar ou prejudicar a absorção no intestino delgado dos nutrientes associados. A identificação de microrganismos que degradam a lenhina tem sido dificultada devido à falta de ensaios fiáveis, mas foram feitos progressos significativos através da utilização de um ensaio de lenhina marcada com ^{14}C (Freer e Detroy, 1982).

Duas famílias de enzimas lignolíticas são amplamente consideradas como desempenhando um papel fundamental na degradação enzimática: Fenol oxidase (Laccase) e Peroxidases (Lignina Peroxidase (Lip) e Peróxidos de Manganês (MnP) (Krause *et al.,* 2003, Malherbe e Cloete, 2003). Outras enzimas cujas funções não foram completamente elucidadas incluem enzimas produtoras de H202: glioxal oxidase (Kerstern e Kirk 1987), glucose oxidase (Bourbonnaise e Paice, 1988), metanol oxidase (Nishida e Eriksson, 1987) e óxido-reductase (Bao e Renganathan, 1991).

Hemicelulose

De acordo com Eastwood e Passmore (1983), as hemiceluloses são um grupo de vários polissacáridos, com um grau de polimerização inferior ao da celulose. Têm uma estrutura de ligação p 1-4 de resíduos de xilose, manose ou glucose que podem formar ligações de hidrogénio extensas com a celulose. Os autores referiram ainda que o xiloglucano é a principal hemicelulose da parede celular primária em plantas dicotiledóneas, enquanto o glucano de ligação mista (P 1^ 3, 4) e os arabinoxilanos são as hemiceluloses predominantes nas sementes de cereais. As hemiceluloses incluem outros heteropolímeros ramificados (unidades ligadas em p 1^3, p 1^ 6, a 1^ 4, a 1^3) como o arabinogalactano altamente ramificado (na soja), os galactomananos (sementes de leguminosas) ou o glucomanano.

Em termos quantitativos, a hemicelulose constitui entre 10 a 25 % da MS em forragens e subprodutos agro-industriais (farelo, sementes de oleaginosas e leguminosas, cascas e polpas) e cerca de 2 a 12 % da MS em grãos e raízes. Estão intimamente associadas à lenhina na parede celular e, juntamente com a celulose, incrustam a parede celular e formam os tecidos secundários espessados (Van Soest e McQueen, 1973). Anderson e Chen (1979) concluíram que a hemicelulose apresenta uma capacidade de retenção de água e pode ligar catiões. Os principais componentes de açúcar destes heteropolissacáridos de hemicelulose são: D-xilose, D-manose, D-glucose, D-galactose, L- arabinose, ácido D-lucorónico, ácido 4-0-metil-D-glucurónico, ácido D-galacturónico e, em menor grau, L-ramnose, L-fucoe e vários açúcares O-metilados (Howard *et al.*, 2003).

Com base na sequência de aminoácidos ou de ácidos nucleicos dos seus módulos catalíticos, as hemicelulases são hidrolases de glicosídeos (GH) que hidrolisam ligações glicosídicas ou esterases de hidratos de carbono (CE) que hidrolisam ligações éster de grupos laterais de acetato ou ácido ferúlico (Howard *et al.*, 2003) e, de acordo com a homologia da sua sequência primária, foram agrupadas em várias famílias (Henrissat e Bairoch, 1996; Rabinovich *et al.*, 2002[a]). A xilana é a hemicelulose mais abundante e as xilanases são uma das principais hemicelulases que hidrolisam as ligações p - 1, 4 na estrutura da xilana, produzindo xilooligómeros curtos que são posteriormente hidrolisados em unidades de xilose simples pela P-xilosidase. Outras xilanases são a - D glucuronidases que hidrolisam a - 1 - 2 ligação glicosídica da cadeia lateral do ácido 4-0-metil-1-D-gulucurónico dos xilanos (Howard *et al.*, 2003).

Celulose

É o principal polissacárido estrutural da célula vegetal e o polímero mais difundido na terra (Anderson e Chen, 1979). É um homopolímero (ao contrário da hemicelulose e da pectina), formado por uma cadeia linear de p (1^ 4) cadeias D glucopiranosil ligadas.) As moléculas de celulose estão dispostas dentro das microfibrilas num estado cristalino altamente ordenado em cadeias com 4000-6000 mm de comprimento e possivelmente 4 mm de diâmetro, cada uma constituída por vários milhares de unidades de glucose (Eastwood e Passmore, 1983). A celulose é solúvel e parcialmente hidrolisada numa solução de ácido forte (isto é, 72 % H_2SO_4).

Em termos quantitativos, a celulose representa 40-50 % da matéria seca no casco das leguminosas e das oleaginosas, 10-30 % nas forragens e nas polpas de beterraba, 3-1 5% nas sementes oleaginosas ou de leguminosas (Annison e Choct, 1993). A maioria dos grãos de cereais contém pequenas quantidades de celulose (1-5 % MS), exceto na aveia (10 %). Mares e Stones (1973) referiram que a celulose na parede celular dos cereais pode ser recuperada a partir do resíduo insolúvel deixado após uma extração vigorosa do componente da matriz do material da parede celular com álcali.

As celulases podem ser divididas em três classes principais de atividade enzimática: endoglucanases ou 1-4, p glucanase (EC. 3.21.4), elébiohidrolases (E.C 3.21.91) e D-glucosidase (E.C. 3.2. 1.21) (Goyal *et al.*, 1991; Rabinovich *et al.*, 2002[b]). As endoglucanas são frequentemente designadas por carboximetilcelulose (CM). As celulases iniciam o ataque aleatoriamente em vários locais internos na região amorfa da fibra de celulose, abrindo locais para o ataque subsequente das celobiohidrolases (Wood, 1991). As celobiohidrolases, frequentemente designadas por exoglucanases, são o principal componente do sistema de celulose fúngica, representando 40 a 70 % da celulose cristalina total. As celobiohidrolases removem os mono e dimeros da extremidade da cadeia de glucose. A B-glucosidase hidrolisa os dímeros de glucose e, em alguns casos, os celo-oligossacáridos em glucose. De um modo geral, as endoglucanases e as celobiohidrolases actuam em sinergia na hidrólise da celulose, mas os pormenores do mecanismo envolvido ainda não são claros (Rabinovich *et al.*, 2002).

Subprodutos agro-industriais

Os subprodutos agro-industriais (AIBs) provenientes de plantas têm paredes celulares que contêm uma variedade de polissacáridos, cuja distribuição varia dentro da parede celular primária e secundária e entre plantas mono e dicotiledóneas. Os polímeros estão interligados por ligações covalentes ou através de compostos não hidratos de carbono. Os polissacáridos não amiláceos (NSP) representam 700-900 g/kg da parede celular das plantas, sendo os restantes constituídos por lenhina, proteínas, ácidos gordos e ceras. Os NSP da parede celular das plantas são um grupo diversificado de moléculas com diferentes graus de solubilidade em água, tamanho e estrutura que podem influenciar as propriedades reológicas do conteúdo gastrointestinal (Taibipour *et al.*, 2004). Os subprodutos agro-industriais constituem as partes das culturas que restam após a remoção dos componentes que lhes conferem valor. Estes resíduos contêm ainda uma quantidade considerável de energia e proteínas que podem estar presentes como compostos intracelulares (Dusterhoft, 1993). Os subprodutos agro-industriais representam recursos potencialmente valiosos e renováveis que encontram aplicação em várias áreas, incluindo a utilização como alimento para animais. Os subprodutos agro-industriais têm sido incorporados com sucesso nas dietas das aves de capoeira a vários níveis nos países em desenvolvimento, com o consequente efeito na redução do custo da alimentação. A utilização de subprodutos agro-industriais alivia a situação crítica existente de fornecimento inadequado de alimentos para animais. Numerosos estudos bem sucedidos sobre a suplementação de subprodutos agro-industriais com enzimas foram revistos por vários autores (Campbell e Bedford 1992; Dierick e Decuypere 1996). A lenhina foi reconhecida como a principal barreira à digestão monogástrica dos polissacáridos estruturais da parede celular (Kerley *et al.*, 1988) e a remoção da lenhina por tratamento químico aumenta a digestibilidade das fibras (Wang *et al.*, 1995). A lenhina oferece a postura recalcitrante e inflexível à fibra devido à força da sua natureza química, embora a lenhina possa não ser a única responsável pela variação da digestibilidade que se verifica nos AIB (Reeves 1985; Buxton e Russell 1988).

Roltz et al., (1986) opinaram que as alterações de digestibilidade dos resíduos de culturas fibrosas após incubação com fungos eram causadas por uma interação complexa de muitos factores, incluindo os ácidos fenólicos da parede celular. Os monómeros fenólicos inibem os microrganismos do rúmen e estão negativamente correlacionados com a digestibilidade da fibra (Burritte *et al.*, 1985; Bohn e Fales 1989). Os ácidos fenólicos da parede celular, principalmente os ácidos p-cumárico e ferúlico, servem para ligar de forma cruzada diferentes componentes da parede (Jung *et al.*, 1992; Hartley *et al.*, 1990), aumentando assim a rigidez estrutural e limitando também a disponibilidade de hidratos de carbono estruturais para a digestão ruminal.

Cascas de mandioca

As cascas de mandioca tornaram-se um subproduto importante na Nigéria e estão disponíveis a partir da transformação local da raiz de mandioca para gari, bem como a partir das novas fábricas de grande escala que produzem gari e amido (Iyayi e Tewe, 1994). As cascas de mandioca têm sido consideradas uma fonte de energia no sistema de alimentação de ruminantes, servindo quer como dieta basal principal quer como suplemento (Asaolu e Odeyinka, 2006). Raramente são fornecidas frescas devido ao elevado teor de glicosídeos cianogénicos presentes no material. A secagem ao sol, a ensilagem e a fermentação são utilizadas para reduzir a concentração de glicosídeos para níveis toleráveis (Akinfala e Tewe, 2002). Os peneirados de raiz de mandioca (CRS) são os restos fibrosos que sobram quando a parte amilácea do tubérculo de mandioca é removida. Na Nigéria, as indústrias de transformação de tubérculos de mandioca produzem grandes quantidades de CRS (Aderemi, 2000). Devido ao seu elevado teor de amido, as cascas de mandioca podem servir como fonte de hidratos de carbono facilmente fermentáveis (Onua e Okeke, 1999).

Hematologia

A hematologia é o estudo científico das funções naturais e das doenças do sangue, enquanto os índices hematológicos são os factores no sangue que são normalmente determinados para avaliar o estado de saúde de um animal. Awoniyi, *et al.*, (2004) observou que a importância fisiológica dos eritrócitos no gado doméstico motivou estudos que levaram ao estabelecimento de alguns índices com os quais a saúde e o desempenho dos animais podem ser monitorizados. De acordo com Asaniyan *et al.* (2007), o estado de saúde mais importante é a anemia, que pode ser monitorizada através de índices como o volume de células concentradas (PVC), a contagem de glóbulos vermelhos (RBC) e o teor de hemoglobina (Hb), o volume corpuscular médio (MCV), a hemoglobina corpuscular média (MCH) e a concentração de hemoglobina corpuscular média (MCHC). A CHCM é muito importante no diagnóstico da anemia e é um índice da capacidade da medula óssea para produzir glóbulos vermelhos (Njidda *et al.*, 2013). Estudos anteriores mostraram que as alterações nas variáveis do índice hematológico podem ser um indicador de várias doenças e condições de deficiência (Schalm et *al.*, 1975; Ewuola *et al.*, 2004). A estimativa do número total de glóbulos brancos (WBCs) e de cada tipo (neutrófilos, linfócitos, monócitos, basófilos e eosinófilos) é útil no diagnóstico de doenças. A leucopenia é uma diminuição do número de leucócitos circulantes e pode estar associada a infecções de origem viral que destroem os blastos em divisão ativa da medula óssea (Brar *et* al., 2011). Observou-se que o teor de proteínas totais e de creatinina depende tanto da qualidade como da quantidade de proteínas fornecidas na dieta (Schalm, 1970; Iyayi e Tewe, 1998). Eggum (1970) referiu que os valores séricos de proteína total, albumina e creatinina são indicadores da quantidade e da qualidade da utilização de proteínas na dieta.

Valores sanguíneos normais

Os valores normais são selecionados a partir de pelo menos 30 animais e o desvio padrão é calculado. Muitos factores podem afetar os níveis bioquímicos dos animais. Estes incluem: raça, sexo, idade, doenças subclínicas, dieta, peso, estado nutricional, tempo de amostragem e estado emocional no momento da amostragem *(Brar et al., 2011)*. São necessários valores de referência para determinar se um resultado de um teste é normal ou anormal. O intervalo de referência hematológica para ovinos é apresentado no quadro 2.

A função da hemoglobina é transportar oxigénio dos pulmões para os tecidos e dióxido de carbono dos tecidos para os pulmões. A capacidade de transporte de oxigénio é de 1,36 cm^3/g de hemoglobina. Assim, a análise da hemoglobina mede a capacidade de transporte de oxigénio dos eritrócitos. O volume de células compactadas (PCV) é o método mais exato, simples e barato para a deteção do grau de anemia.

Quadro 2: Intervalos de referência hematológicos para ovinos

Determination	Value
Hemoglobin (g/dl)	9-14
Packed Cell Volume (%)	27-43
Red Blood Cells ($x10^6$/ul)	9-14
Mean corpuscular volume (fl)	28-40
Mean corpuscular Hemoglobin (pg)	8-12
Mean corpuscular Hemoglobin Concentration (g/dl)	30-34
Platelet count ($x10^5$/ul)	2-8
White Blood Cell count	4000-12000
Neutrophils mature (%)	(10-50)
(/ul)	700-6500
Lymphocytes (%)	(40-70)
(/ul)	2000-8500
Monocytes (%)	(0-5)
(/ul)	5-800
Eosinophils (%)	(0-14)
(/ul)	0-900
Basophils (%)	(0-3)
(/ul)	0-250

Fontes: *Brar et al.,* (2011)

CAPÍTULO 2

CONSUMO DE LEITE FRESCO NO ESTADO DE BENUE

PREÂMBULO

O leite tem sido uma das primeiras dietas dos seres humanos e de outros mamíferos. As suas proteínas representam uma das mais importantes fontes de aminoácidos essenciais para os seres humanos. Ao longo dos anos, o consumo de leite tem vindo a diminuir na Nigéria. O consumo de leite fresco não tem sido uma tradição forte na Nigéria.

MATERIAIS E MÉTODOS

Inquérito de campo

Foram preparados questionários estruturados e administrados a 300 inquiridos (chefes de família) selecionados aleatoriamente utilizando o método de amostragem por conglomerados (Emaikwu, 2008) de três áreas governamentais locais viz: Makurdi, Gboko e Otukpo, representando as três zonas do Estado de Benue. Foram contactados cem inquiridos selecionados aleatoriamente em cada área. Os dados recolhidos incluem: 1) aceitabilidade do consumidor de leites frescos de vaca, ovelha e cabra; 2) preferência relativa por leites frescos de vaca, ovelha e cabra; foram solicitados factores que influenciam o padrão de consumo real do produto.

Avaliação sensorial

As amostras de leite fresco foram recolhidas de bovinos, ovinos e caprinos; pasteurizadas e armazenadas no frigorífico a - 4 °C antes da avaliação sensorial.

Vinte indivíduos selecionados aleatoriamente na Universidade de Agricultura de Makurdi foram utilizados como painel de degustação. Os membros do painel foram familiarizados com o procedimento de pontuação (uma escala hedónica de nove pontos com 9 = gosto extremamente, 1 = não gosto extremamente) durante uma sessão preliminar. Foi servido aos membros do painel um copo contendo 30 ml de cada amostra codificada de leites frescos de bovino, ovino e caprino. As amostras foram servidas à temperatura ambiente e os membros do painel receberam água para enxaguar a boca após cada teste realizado numa sala com iluminação normal, tal como descrito por Joseph e Olafade (1999). Os membros do painel classificaram as amostras de leite fresco quanto ao aspeto, sabor e aceitabilidade global.

Procedimento analítico

Obtiveram-se cerca de 50 a 100 ml de amostras de leite de vaca, ovelha e cabra, que foram armazenadas no frigorífico a - 4 °C para análise, a fim de determinar a composição química do leite. Todas as amostras de leite recolhidas foram analisadas quanto ao teor de gordura pelo método de Rose-Gottlieb (Pearson, 1977). O teor de proteína bruta (N x 6,38, sólidos totais e cinzas foram determinados pelos métodos descritos pela AOAC (1980). O valor energético (VE) do leite foi calculado utilizando a equação desenvolvida por Economides (1986) para ovinos.

$Y = 1{,}94 + 0{,}43x_i$, onde Y é o valor calórico do leite em MJ/Kg e X_i é a percentagem de gordura.

Análise estatística

Os dados do inquérito de campo foram submetidos a uma contagem de frequências e percentagens, enquanto os dados gerados pelo exame sensorial foram analisados através de uma análise de variância unidirecional (Minitab, 1991).

RESULTADOS

Os resultados da distribuição de frequência das caraterísticas socioeconómicas dos inquiridos relativamente ao consumo de leite fresco nas três zonas de desenvolvimento agrícola de Gboko, Makurdi e Otukpo, bem como no Estado de Benue, foram apresentados no Quadro 3.

O resultado mostrou que cerca de 44% dos inquiridos na zona de Gboko tinham menos de trinta anos, o que é mais elevado do que nas zonas de Makurdi e Otukpo. A distribuição de frequência dos inquiridos no estado de Benue mostrou que a maioria (83,34%) dos chefes de família tinha menos de 50 anos de idade e que 77% eram casados. Cerca de 95,66% dos inquiridos tinham educação formal. Os resultados também revelaram que a maioria dos chefes de família eram funcionários públicos (38,67%), seguidos dos que trabalhavam por conta própria (33,00%) e dos que se dedicavam à agricultura (28,33%). A maioria (74%) dos agregados familiares tinha uma dimensão superior a 4 pessoas.

O quadro 4 mostra a distribuição de frequências do conhecimento e consumo de leite de vaca, cabra e ovelha, enquanto o quadro 5 mostra a distribuição de frequências das razões para não consumir leite fresco regularmente no Estado de Benue.

A percentagem de inquiridos que conheciam o leite de vaca, de cabra e de ovelha era de 97,67%, 38,33% e 38,33%, enquanto a percentagem de não conhecimento dos produtos era de 2,33%, 61,67% e 61,67%, respetivamente. A distribuição das frequências percentuais do consumo dos produtos foi de 93, 1,0 e 0,0, enquanto a do não consumo foi de 6,33, 99,0 e 100 %, respetivamente. Estes resultados mostraram que a percentagem de inquiridos que conhecia o leite de vaca era de 97,67, enquanto apenas 38,33 conheciam o leite de cabra e de ovelha. Os que consumiam leite de vaca constituíam 93,67% dos inquiridos, contra 1% para o leite de cabra, enquanto nenhum dos inquiridos tinha alguma vez consumido leite de ovelha. A percentagem de inquiridos que atribuiu a razão para não consumir leite fresco regularmente à indisponibilidade foi de 28,67%, enquanto a percentagem dos que atribuíram a razão ao custo foi de 18,67%.

Os resultados dos atributos físico-químicos e sensoriais do leite fresco de vaca, ovelha e cabra são apresentados no Quadro 6.

Os resultados mostraram uma diferença significativa (P < 0,05) nos valores de pH de 6,38, 6,54 e 6,66 do leite fresco de vaca, ovelha e cabra, respetivamente. Não houve diferença na acidez triturável (%) do leite para as três espécies. O teor de gordura de 4,25 %, 5,14 % e 4,75 % do leite não diferiu significativamente (P > 0,05) entre as espécies. No entanto, a percentagem de gordura no leite de ovelha excedeu a da vaca e da cabra. A percentagem de proteínas e de cinzas não foi significativamente diferente (P > 0,05). O leite de ovelha também tinha significativamente (P < 0,05) mais sólidos totais do que o leite de vaca e de cabra. Os sólidos totais eram 13,67, 22,65 e 14,94 % para vaca, ovelha e cabra, respetivamente.

O leite fresco de ovelha foi o mais bem classificado pelo júri no que respeita ao aspeto, ao sabor e à aceitabilidade global, tal como demonstrado pela pontuação da qualidade sensorial. No entanto, os seus valores não foram estatisticamente significativos (P > 0,05), exceto para o aspeto, em que o valor foi significativamente diferente (P < 0,05) entre o leite de ovelha e de cabra, com valores de 8,2 e 7,40, respetivamente.

Quadro 3: Distribuição da frequência das caraterísticas socioeconómicas dos inquiridos relativamente ao consumo de leite fresco nas zonas de Gboko, Makurdi, Otukpo e no Estado de Benue

	Gboko		Makurdi		Otukpo		Benue State	
	F	%	F	%	F	%	F	%
Age								
Below 30 years	44	44	17	32	35	35	96	32.00
31-40	25	25	32	32	20	20	77	25.67
41-50	21	21	26	26	30	30	77	25.67
51-60	7	7	22	22	12	12	41	13.67
Above 60	3	3	3	3	3	3	9	3.00
Sex								
Male	100	100	100	100	100	100	300	100
Female	-	-	-	-	-	-	-	-
Marital status								
Married	68	68	95	95	68	68	231	77.00
Single	29	29	5	5	30	30	64	21.33
Divorced	3	3	-	-	2	2	5	1.67
Level of Education								
Primary	19	19	6	6	2	2	27	9.00
Secondary	23	23	17	17	30	30	70	23.33
Tertiary	48	48	74	74	68	68	190	63.33
Non-formal	10	10	3	3	-	-	13	4.33
Primary occupation								
Farming	53	53	20	20	12	12	85	28.33
Civil servant	29	29	54	54	33	33	116	38.67
Self employed	18	18	26	26	55	55	99	33.00
Household size								
1-4	17	17	21	21	40	40	78	26.00
5-8	33	33	51	51	38	38	122	40.67
Above 8	50	50	28	28	22	22	100	33.33
Religion								

Christianity	93	93	83	83	92	92	268	89.33
Islam	-	0	5	5	3	3	8	2.67
Traditional	7	7	12	12	5	5	24	8.00
Estimated annual income (Naira)								
Below 120,000	60	60	22	22	25	25	107	35.67
120,001- 160,000	7	7	-	-	2	2	9	3.00
160,001- 200,000	11	11	1	1	15	15	27	9.00
200,001- 240,000	1	1	12	12	-	-	13	4.33
Above 240,000	21	21	65	65	58	58	144	48.00
Amount spent on food monthly (Naira)								
Below 20,000	84	84	22	22	63	63	169	56.33
20,001- 40,000	9	9	38	38	12	12	59	19.67
40,001- 60,000	4	4	23	23	12	12	39	13.00
60,001- 80,000	-	-	8	8	10	10	18	6.00
Above 80,000	3	3	9	9	3	3	15	5.00
Amount spent on meat/fish monthly (Naira)								
Below 10,000 Naira	90	90	52	52	70	70	212	70.67
10,001-20,000	9	9	25	25	15	15	49	16.33
20,001-40,000	1	1	8	8	10	10	19	6.33
40,001-60,000	-	-	6	6	5	5	11	3.67
Above 60,000	-	-	9	9	-	-	9	3.00

Quadro 4: Distribuição de frequências do conhecimento e consumo de leite de vaca, cabra e ovelha no Estado de Benue, Nigéria

	Gboko	Makurdi	Otukpo	Total	Percent
Awareness					
Cow milk					
Aware	93	100	100	293	97.67
Not aware	7	-	-	7	2.33
Goat milk					
Aware	32	48	35	115	38.33
Not aware	6	52	65	185	61.67
Sheep milk					
Aware	32	48	35	115	38.33
Not aware	6	52	65	185	61.67
Consumption of fresh milk					
Cow milk					
Yes	86	97	98	281	93.67
No	14	3	2	19	6.33
Goat milk					
Yes	2	1	-	3	1.00
No	98	99	100	297	99.00
Sheep milk					
Yes	-	-	-	-	-
No	100	100	100	300	100

Quadro 5: Distribuição de frequência das razões para não consumir leite fresco regularmente no Estado de Benue

Reasons for not consuming Fresh milk regularly	Gboko	Makurdi	Otukpo	Total	Percent
Not familiar	2	9	10	21	7.00
Price	28	9	19	56	18.67
Availability	28	29	29	86	28.67
Taboo	2	3	-	5	1.67
No constrain	15	15	13	43	14.33

Quadro 6: Atributos físico-químicos e sensoriais do leite fresco de vaca, ovelha e cabra

Physico-chemical quality	Source of Milk			
	Cow	Sheep	Goat	SEM
Ph	6.38^b	6.54^{ab}	6.66^a	0.039
Tritratable acidity(%)	0.28	0.28	0.26	0.007
Protein (%)	3.69	3.19	3.80	0.215
Fat (%)	4.21	5.14	4.75	0.374
Ash (%)	0.71	0.74	0.81	0.039
Total solids (%)	13.67^b	22.65^a	14.94^b	1.547
Sensory quality score*				
Appearance	7.65^{ab}	8.20^a	7.40^b	0.193
Flavour	6.50	7.50	7.40	0.354
Overall acceptability	6.50	7.50	7.45	0.328

* Classificado numa escala hedónica de 9 pontos, 1 = extremamente desagradado, 9 = extremamente apreciado,

[ab] As médias na mesma linha com diferentes sobrescritos diferem significativamente (P < 0,05)

DISCUSSÃO

A observação deste estudo de que a maioria dos chefes de família tinha menos de 50 anos de idade e era casada é semelhante ao valor relatado por Fasina *et al.*, (2005). Este estudo revelou que as famílias jovens tinham mais tendência para procurar leite fresco e produtos lácteos. Uma vez que estas famílias se encontram na categoria de idade reprodutiva, têm maiores hipóteses de dar à luz mais crianças, com a consequente inclinação para o consumo de leite fresco ao longo do tempo.

A observação deste estudo de que a maioria dos inquiridos tinha educação formal é semelhante às conclusões de Okunlola (2002), que revelou que o nível de educação influenciava a adoção de tecnologia, uma vez que dava oportunidade a esses adoptantes de serem alcançados através de muitos meios de comunicação. A observação deste estudo de um equilíbrio justo entre funcionários públicos e não funcionários públicos é semelhante ao relatório de Fasina *et al.*, (2005). O presente resultado sugere que grandes alterações na remuneração da função pública podem não influenciar necessariamente o consumo de leite fresco. A observação da dimensão do agregado familiar neste estudo revela uma tendência para agregados familiares grandes, o que implica mais bocas para alimentar.

A observação do conhecimento e do consumo de leite fresco de vaca, ovelha e cabra neste estudo é semelhante ao relatório de Apata e Adewumi, (2011). Estes estudos revelaram que a maioria dos inquiridos não tinha conhecimento do consumo de leite de ovelha e de cabra. Esta pode ser a razão pela qual o consumo de leite destas espécies não é popular. Também pode ser atribuído à aceitação da vaca como único animal leiteiro (Apata e Adewumi, 2011), e o leite de ovelha e de cabra não é produzido e utilizado à escala comercial na Nigéria (Adewumi *et al.*, 2001; Ochepo, 2012); ao contrário de alguns países africanos como o Sudão, a Argélia, o Mali e o Níger, onde a maior parte do leite produzido é de ovelha e de cabra. Isto também pode ser atribuído ao facto de que, apesar de muitas famílias terem ovelhas e cabras, a cultura de ordenhar ovelhas e cabras para consumo humano é muito pobre na Nigéria. Os Fulani ordenham cabras e ovelhas, mas não comercializam o produto separadamente. É vendido em mistura com leite de vaca (Aduku e Olukosi, 2000).

A observação deste estudo mostra que a razão para não consumir leite fresco regularmente é a falta de disponibilidade. Uma observação semelhante foi registada por Joseph e Olafade (1999). O resultado deste inquérito mostra que a maioria dos inquiridos está disposta e pronta a consumir leite fresco regularmente se estiver disponível e não for caro.

As observações dos atributos físico-químicos e sensoriais do leite revelam uma diferença significativa ($P < 0,05$) no pH do leite fresco entre as espécies. A observação deste estudo é contrária aos resultados de Jokthan *et al.* (2007) que não registaram diferenças significativas no pH das amostras de leite das espécies e Young (2004) que registou que o leite de cabra é distintamente alcalino. O teor de gordura do leite neste estudo não diferiu significativamente (P > 0,05) entre as espécies, o que é contrário às observações de Young (2004), que relatou diferenças distintas entre as raças na composição da gordura. No entanto, as percentagens de gordura no leite de ovelha excederam (P < 0,05) as da vaca e da cabra. O conteúdo de proteína e cinzas do leite neste estudo não foi significativamente diferente (P > 0,05). O leite de ovelha tinha significativamente (P < 0,05) mais sólidos totais em comparação com o leite de vaca e de cabra. Esta observação está de acordo com o relatório de Gatenty (2002), segundo o qual o teor de sólidos totais do leite de ovelha era cerca de 20 % superior ao do leite de vaca e de cabra.

A observação do painel de avaliação sensorial mostra que os atributos sensoriais não são estatisticamente significativos (P > 0,05), exceto no que se refere à aparência, em que existe uma diferença significativa (P < 0,05) entre o leite de ovelha e o de cabra. Isto significa que o leite de ovelha e de cabra, se disponível, poderia ser utilizado para colmatar a lacuna entre a procura e a oferta de leite de vaca. Os leites de ovelha e de cabra têm sido propostos como uma alternativa mais natural e de melhor sabor, com grande potencial nutricional e clínico (Adewumi *et al.* 2001).

CAPÍTULO 3

EFEITO DA RAÇA E DO MÉTODO DE ORDENHA NO RENDIMENTO E NA COMPOSIÇÃO DO LEITE DE OVELHA

PREÂMBULO

Os principais animais utilizados para a produção de leite em todo o mundo são a vaca, a cabra, a ovelha e o búfalo. Contudo, na Nigéria, a vaca é a principal fonte de produção de leite. As ovelhas e as cabras são criadas principalmente para a produção de carne e pele. Contudo, as cabras e as ovelhas são utilizadas por alguns agro-pastores para a produção de leite em pequena escala. As ovelhas e as cabras produzem mais leite em relação ao peso corporal do que as vacas. Verificou-se que o leite de ovelha tem um valor nutritivo mais elevado do que o leite humano e de cabra em todos os aspectos, exceto na lactose.

Ao contrário de alguns países africanos, como o Sudão, a Argélia, o Mali e o Níger, onde a maior parte da produção de leite provém de pequenos ruminantes (ovelhas e cabras), na Nigéria o leite de ovelha não é produzido e utilizado à escala comercial.

Com base nas conclusões do nosso inquérito sobre a fonte de leite fresco, a disponibilidade e o consumo no Estado de Benue, este estudo foi realizado para investigar o efeito da raça e do método de ordenha no rendimento e na composição do leite de ovelha.

MATERIAIS E MÉTODOS

Animais de laboratório e sua gestão

Dezoito ovelhas em lactação, com idades compreendidas entre 18 e 24 meses e pesos entre 19 e 21 kg, nove de cada uma das raças West African Dwarf (WAD) e Yankasa, foram utilizadas num estudo de lactação de 12 semanas. Os animais na sua primeira paridade foram geridos de forma semi-intensiva na Universidade de Agricultura, Makurdi, Livestock Teaching and Research Farm. As ovelhas foram alimentadas diariamente das 8:00 h às 12:00 h com uma dieta que continha 16,38 % de PC e 1,721 MJ/Kg de GE (Quadro 7), sendo-lhes depois permitido o acesso a cercados de pastagem natural predominantemente de *Andropogon tectorum*. O suplemento de concentrado foi oferecido a 3 % do peso corporal por animal.

Métodos de ordenha

Foram usados três métodos de ordenha, a saber: 1) sucção pelos cordeiros 2) ordenha manual e 3) ordenha induzida por ocitocina como descrito por Banda *et al.,* (1990).

Conceção experimental

Foi utilizado um esquema fatorial 2x3 para avaliar a produção de leite das raças.

Produção de leite

Nos dias de determinação da produção, os borregos foram separados das suas mães durante 4 horas (08:00 - 12:00 h). Para o método de amamentação, os cordeiros foram pesados para se obter o peso dos cordeiros antes da amamentação e deixados a mamar nas mães durante 10 minutos. Os cordeiros foram retirados das mães e pesados novamente para obter o peso dos cordeiros após a amamentação. A quantidade de leite produzida durante o período de separação (4 horas) foi obtida por subtração. No caso do método de ordenha manual, os animais foram ordenhados e a produção medida. O método induzido por ocitocina foi realizado através da ordenha dos animais após a injeção de ocitocina no início de cada ordenha. Dez unidades internacionais ou 1 ml de oxitocina foram injectados por via intramuscular no flanco direito. Após 5 minutos, os animais eram ordenhados rapidamente até que não fosse possível retirar mais leite. A quantidade de leite obtida durante as quatro horas de separação do cordeiro da mãe foi multiplicada por seis para se obter a produção diária (24 horas) de leite, como proposto por Banda *et al.,* (1990).

Determinação da composição do leite

Obtiveram-se cerca de 50 a 100 ml de amostras de leite, que foram armazenadas no frigorífico a - 4 °C para análise, a fim de determinar a composição química do leite. Todas as amostras de leite recolhidas foram analisadas quanto à gordura pelo método de Rose-Gottlieb (Pearson, 1977). O teor de proteína bruta (N x 6,38), a lactose, os sólidos totais e as cinzas foram determinados pelos métodos descritos pela AOAC (1980). A concentração de sólidos sem gordura (SNF) foi derivada das concentrações de sólidos totais e de gordura por diferença. O valor energético (VE) do leite foi calculado utilizando a equação desenvolvida por Economides (1986) para ovinos.

$Y = 1,94 + 0,43xi$

Onde Y é o valor calórico do leite em MJ/Kg e Xi é a percentagem de gordura.

Análise estatística

Os dados obtidos neste estudo foram submetidos a uma análise de variância (ANOVA) de duas vias, utilizando o software estatístico Minitab (Minitab, 1991). A equação de estimativa da produção de leite foi derivada usando o modelo linear para regressão simples (Little e Hills, 1975).

$Y = a + bX$ em que Y = qualquer valor da variável dependente

a = interceção, ou seja, valor de Y em zero X

b= declive, ou seja, o coeficiente de regressão da amostra, a variação em Y por unidade de variação em X

Quadro 7: Composição da dieta concentrada utilizada

Ingredients	Level of inclusion (%)
Cassava peels	32
Soybean	10
Dried Brewer's grain	40
Palm kernel cake	12
Bone ash	4
Salt	2
Total	**100**

Níveis de nutrientes calculados

Dry matter (%)	95.20
Crude Protein (%)	16.38
Crude fibre (%)	13.23
Ether extract (%)	4.23
Ash (%)	13.95
Nitrogen free extract (%)	51.56
Calcium (%)	1.78
Phosphorus (%)	0.42
Gross Energy (MJ/Kg)	1.72

RESULTADOS

A produção total de leite em 12 semanas e os componentes do leite fresco das raças WAD e Yankasa foram apresentados na Tabela 8. A produção de leite da raça WAD foi de 35,95, 15,14 e 22,83 kg para amamentação por cordeiro (SM), ordenha manual (HMM) e oxitocina (OHMM), respetivamente, enquanto a produção da Yankasa foi de 43,93, 17,40 e 57,87 kg para SM, HMM e OHMM, respetivamente. O resultado mostrou que a produção média total de leite das raças WAD e Yankasa em 12 semanas não foi significativamente diferente (P > 0,05). No entanto, o desempenho da produção de leite entre as raças diferiu significativamente (P < 0,05) de acordo com o método de estimativa da produção de leite utilizado. O resultado também mostrou que a média da produção total de 12 semanas estimada pelos métodos de sucção do cordeiro e da ocitocina foi de 39,741 e 40,352 kg, respetivamente. No entanto, estes valores não foram significativamente diferentes (P > 0,05).

As equações de estimativa da produção de leite foram derivadas regredindo a produção pelo método de indução de ocitocina (Y) (que deu a maior produção para a raça Yankasa) sobre a produção pelo método de ordenha manual (X) para a Yankasa; e regredindo a produção pelo método de amamentação (Y) (que deu a maior produção para a raça WAD) sobre a produção pelo método de ordenha manual (X) para a WAD com o seguinte resultado:

Raça Yankasa: Y = 17,402 + 2,167X

Raça WAD: Y = 21,703 + 1,429X

O resultado mostrou que o teor de proteínas era de 5,39 e 4,91 %, o teor de gordura era de 2,67 e 3,71 % e a lactose era de 2,66 e 3,15 % para a WAD e a Yankasa, respetivamente, enquanto os sólidos totais eram de 18,06 e 27,23 %, respetivamente. Os resultados mostraram que as ovelhas WAD produziram leite com menos gordura butírica, lactose, sólidos totais, sólidos sem gordura e energia, mas com um nível mais elevado de proteínas do que as ovelhas Yankasa. No entanto, a composição do leite das duas raças não foi significativamente diferente (P>0,05).

Tabela 8: Produção total de leite (kg) em 12 semanas e constituintes do leite de ovelhas WAD e Yankasa

Methods	Breeds		Mean	SEM
	WAD	Yankasa		
SM	35.95	43.93	39.74[a]	
HMM	15.14	17.40	16.27[b]	
OHMM	22.83	57.8	40.35[a]	
Mean	24.64	39.74		
Milk Constituents				
pH	6.47	6.61		0.056
Tritritable acidity	0.27	0.24		0.033
Protein%	5.37	4.91		0.366
Fat%	2.67	3.71		0.592
Ash%	0.63	0.84		0.083
Lactose%	2.66	3.15		0.250
Total solids%	18.06	27.23		5.357
Solid not-fat%	15.39	23.52		
EV (MJ/kg)	3.09	3.54		

[ab]As médias na mesma linha com diferentes sobrescritos diferem significativamente (P<0,05) WAD = West African Dwarf

YAN = Yankasa

SM = Método de sucção

HMM = Método de ordenha manual

OHMM = Oxitocina + método de ordenha manual

SEM = Erro padrão da média

EV= Valor energético

DISCUSSÃO

A observação deste estudo é semelhante aos resultados de Banda *et al.* (1990), que relataram que as ovelhas locais do Malawi produziam maior quantidade de leite pelo método de amamentação em comparação com os métodos de ordenha manual e de oxitocina induzida.

Os resultados deste estudo, que mostraram que a Yankasa produziu mais leite quando foi utilizado o método de indução de ocitocina em vez do método de amamentação, estão de acordo com o relatório de Mill e Steinbach (1984).

A observação deste estudo de que a ordenha manual produziu menos leite do que qualquer um dos outros dois métodos é similar às observações relatadas por Ueckermann *et al.* (1974) e Banda *et al.,* (1990). O presente resultado sugere que as duas raças usadas neste estudo podem nunca ter sido usadas para testes de lactação, daí a falta de vontade de deixar o leite descer, o que é uma indicação de um instinto maternal muito forte, como também foi observado por Banda *et al.* (1990).

As observações deste estudo revelam que as ovelhas WAD produziram leite com menos gordura na manteiga, lactose, sólidos totais, sólidos não gordos e energia, mas com um nível mais elevado de proteínas do que as ovelhas Yankasa. No entanto, tanto a raça WAD como a Yankasa produziram menos gordura na manteiga em comparação com as raças europeias, asiáticas e americanas (Alichanidis e Polychroniadou, 1996; Jordan e Boylan, 1995). O teor de proteínas do leite observado neste estudo é semelhante aos valores registados por Alichanidis e Polychroniadou (1996) para as raças europeias e asiáticas. A percentagem de sólidos totais observada neste estudo para o WAD foi semelhante aos valores registados por Jordan e Boylan (1995). No entanto, os sólidos totais observados para a Yankasa foram superiores aos valores registados para as raças europeias, asiáticas e americanas (Alichanidis e Polychroniadou, 1996; Jordan e Boylan, 1995). McDonald *et al.* (2011) observaram que, embora a composição do leite possa variar com uma série de fatores não nutricionais, como técnica de ordenha, intervalo desigual entre ordenhas e doenças, particularmente mastite. No entanto, em um rebanho bem gerido, nenhum desses fatores deve ser de qualquer importância

CAPÍTULO 4

EFEITO DA ALIMENTAÇÃO COM CASCA DE MANDIOCA TRATADA COM FUNGOS NA PRODUÇÃO E COMPOSIÇÃO DO LEITE DE OVELHA

PREÂMBULO

As cascas de mandioca tornaram-se um subproduto importante na Nigéria e estão disponíveis a partir da transformação local da raiz de mandioca para gari, bem como a partir das novas fábricas de grande escala que produzem gari e amido (Iyayi e Tewe, 1994). As cascas de mandioca têm sido consideradas uma fonte de energia no sistema de alimentação de ruminantes, servindo quer como dieta basal principal quer como suplemento (Asaolu e Odeyinka, 2006). Raramente são fornecidas frescas devido ao elevado teor de glicosídeos cianogénicos presentes no material. Contudo, a secagem ao sol, a ensilagem e a fermentação são utilizadas para reduzir a concentração de glicosídeos para níveis toleráveis (Akinfala e Tewe, 2002). A transformação de resíduos, como cascas de soja e cascas de mandioca, foi melhorada através da produção de enzimas pela técnica de fermentação em estado sólido (Ofuya e Nwanjiuba, 1990). Sabe-se que a digestibilidade da lignocelulose está correlacionada com o teor de lignina. A fim de melhorar a digestibilidade das matérias lenhinocelulósicas, podem ser utilizados métodos físicos, químicos e biológicos de deslenhificação (Jackson, 1978). Os fungos de podridão branca podem degradar a lenhina seletivamente, aumentando não só a digestibilidade da lenhinocelulose, mas também o valor nutricional (Zadrazil, 1985).

MATERIAIS E MÉTODO

Sítio experimental

A experiência foi efectuada na unidade de criação de gado da quinta de ensino e investigação da Universidade de Agricultura de Makurdi. Makurdi é a capital do Estado de Benue e situa-se a uma longitude 8° 371 Este e a uma latitude 7° 411 Norte, com uma precipitação anual de 609,9 mm - 1219,8 mm, uma temperatura de 25,6 °C - 39,6 °C e uma humidade relativa de cerca de 21 % - 85 % (TAC, 2011).

Tratamento fúngico da casca de mandioca (condição na exploração)

As cascas de mandioca foram obtidas numa fábrica de transformação de "gari" em Makurdi e secas ao sol durante um período de sete dias para reduzir o teor de humidade para menos de 10 %. A casca de mandioca seca foi moída num moinho de martelos. Quinhentos quilogramas (500 kg) de cascas de mandioca moídas foram humedecidos com água num chão de cimento e cobertos com uma folha de celofane, deixando-se fermentar durante duas semanas, tal como descrito por Akinfemi *et al.* (2011).

O Pleurotus tuber-regium (cogumelo), chamado "Osu" na parte oriental e central da Nigéria, foi comprado no Mercado Moderno de Makurdi e mergulhado em água durante 24 horas numa bacia. O cogumelo molhado foi depois transferido para uma bacia limpa e deixou-se crescer micélios. Após a conclusão do processo de compostagem, o substrato fermentado foi transferido para tabuleiros de inoculação (60 cm x 180 cm) e deixado arrefecer durante cerca de uma hora; os tabuleiros foram subsequentemente inoculados com os micélios activos do cogumelo, tal como descrito por Akinfemi *et al.* (2011). No final do período de fermentação (30 dias), as cascas de mandioca tratadas foram secas ao sol até o substrato atingir um teor de humidade inferior a 10 %. As cascas de mandioca tratadas e secas foram ensacadas e armazenadas até serem necessárias para ensaios de alimentação com ovelhas em lactação da raça anã da África Ocidental (WAD).

Formulação de dietas experimentais

Foram formuladas cinco dietas experimentais da seguinte forma.

T1   =   Concentradodietacontendo 0 % de cascas de mandioca biodegradadas.

T2   =   Concentradodietacontendo 8 % de cascas de mandioca biodegradadas.

T3   =   Concentradodietacontendo 16 % de cascas de mandioca biodegradadas.

T4   =   Concentradodietacontendo 24 % de cascas de mandioca biodegradadas.

T5   =   Concentradodietacontendo 32 % de cascas de mandioca biodegradadas.

As composições da dieta são apresentadas no Quadro 9

Animais de laboratório e sua gestão

Foram utilizadas para o estudo 20 ovelhas anãs da África Ocidental (WAD) em lactação, com idades compreendidas entre os 18 e os 24 meses e pesos compreendidos entre os 19 e os 21 kg, provenientes do rebanho da Universidade de Agricultura de Makurdi. Os animais foram distribuídos aleatoriamente pelos cinco tratamentos num desenho completamente aleatório (CRD). Os animais foram etiquetados para facilitar a identificação e a separação. Quinhentos gramas (500 g) das dietas experimentais foram oferecidos diariamente aos grupos de animais designados antes de serem libertados para o pasto natural. O ensaio durou um período de oitenta e quatro (84) dias. Foi servida água fresca *ad libitum*.

Rendimento e composição do leite

A produção de leite foi estimada pelo método de amamentação de borregos uma vez por semana durante um período de 12 semanas após o parto, tal como descrito por Doney *et al.* (1979). Os animais foram incorporados todas as semanas à medida que pariam. A produção inicial de leite de cada animal foi determinada na primeira semana após o parto. Depois disso, a produção de leite foi determinada todas as semanas até à 12ª semana de lactação. Nos dias da determinação da produção, os borregos foram separados das suas mães durante 4 horas (08:00 - 12:00 h), após o que foram pesados para obter o peso dos borregos antes de mamarem e deixados a mamar nas mães durante 10 minutos. Os cordeiros foram retirados das mães e pesados novamente para se obter o peso dos cordeiros após a amamentação. A quantidade de leite produzida durante o período de separação (4 horas) foi obtida por subtração e multiplicada por 6 para obter a produção diária de leite de 24 horas (Banda *et al.*, 1990).

Quadro 9: Composição percentual das dietas experimentais

Ingredients	Level of inclusion (%)				
	T_1	T_2	T_3	T_4	T_5
Cassava peels	32	24	16	8	0
BDCP*	0	8	16	24	32
Soybean	10	10	10	10	10
Dried Brewer's grain	40	40	40	40	40
Palm kernel cake	12	12	12	12	12
Bone ash	4	4	4	4	4
Salt	2	2	2	2	2
Total	100	100	100	100	100

BDCP- Cascas de mandioca biodegradadas

Determinação da composição do leite

Obtiveram-se cerca de 50 a 100 ml de amostras de leite, que foram armazenadas no frigorífico a - 4 °C para análise, a fim de determinar a composição química do leite. Todas as amostras de leite recolhidas foram analisadas quanto à gordura pelo método de Rose-Gottlieb (Pearson, 1977). O teor de proteína bruta (N x 6,38), a lactose, os sólidos totais e as cinzas foram determinados pelos métodos descritos pela AOAC (1980). A concentração de sólidos sem gordura (SNF) foi derivada das concentrações de sólidos totais e de gordura por diferença. O valor energético (VE) do leite foi calculado utilizando a equação desenvolvida por Economides (1986) para ovinos.

$$Y = 1,94 + 0,43x1$$

Onde Y é o valor calórico do leite em MJ/Kg e X é a percentagem de gordura.

Análise estatística

Os dados obtidos neste estudo foram submetidos a uma análise de variância (ANOVA) de duas vias, utilizando o software estatístico Minitab (Minitab, 1991).

RESULTADOS

A composição aproximada e a fração fibrosa das cascas de mandioca não degradadas (UDCP) e biodegradadas são apresentadas no quadro 10. As cascas de mandioca biodegradadas (BDCP) foram significativamente ($P < 0,05$) mais elevadas em matéria seca, proteína bruta, fibra bruta, cinzas e extrato etéreo, mas significativamente ($P < 0,05$) mais baixas em NFE do que as cascas de mandioca não degradadas. O teor de PC foi de 5,41% para a UDCP e de 6,04% para a BDCP. O teor de CF foi de 15,40 % e 17,40 %, o teor de cinzas foi de 15,60 % e 19,20 %, enquanto a MS foi de 93,70 % e 94,70 % para UDCP e BDCP, respetivamente.

O NDF foi de 65,82% e 62,39%, o ADF foi de 28,18% e 29,40%, o ADL foi de 11,12% e 10,15%, a hemicelulose foi de 37,64% e 32,99%, enquanto a celulose foi de 17,06% e 19,25% para o UDCP e o BDCP, respetivamente. O resultado mostrou uma diminuição significativa ($P < 0,05$) no nível de FDN, ADL e hemicelulose após a degradação e um aumento no componente ADF e celulose do BDCP.

As composições proximais e a fração de fibra das dietas experimentais são apresentadas no Quadro 11.

O teor de proteína bruta (PB) variou entre 16,38 - 18,88 % nas cinco dietas experimentais. O teor de fibra bruta foi de 13,88, 13,64, 13,39, 13,15 e 12,90 %, as cinzas foram de 13,95, 14,24, 14,53, 14,81 e 15,10 %, enquanto a matéria seca foi de 95,20, 95,20, 95,30, 95,30 e 95,15 % para T_1, T_2, T_3, T_4 e T_5, respetivamente.

A fração de fibra das dietas experimentais foi significativamente diferente ($P < 0,05$). O NDF foi 50.57, 50.30, 50.02, 49.75 e 49.47 %, ADF foi 26.30, 26.40, 26.49, 26.59 e 26.69 %, ADL é 11.40,

11.32, 11.24, 11.17 e 11.09 %, Hemicelulose é 24.27, 23.90, 23.53, 23.16 e 22.78 % enquanto a celulose foi 14.90, 15.08, 15.25, 15.43 e 15.60 % para T_1, T_2, T_3, T_4 e T_5 respetivamente. A tendência mostrou que a FDN, a ADL e a hemocelulose diminuíram com o aumento dos níveis de BDCP nas dietas, enquanto a FDN e a celulose aumentaram com o aumento dos níveis de BDCP nas dietas.

Quadro 10: Composição Proximal e fração fibrosa das cascas de mandioca não degradadas e biodegradadas (%) (DM

	UDCP	BDCP	SEM
Dry Matter	93.70[b]	94.70[a]	0.091
Crude Protein	5.41[b]	6.04[a]	0.006
Crude Fibre	15.40[b]	17.40[a]	0.091
Ether Extract	0.65[b]	1.10[a]	0.028
Ash	15.60[b]	19.20[a]	0.091
Nitrogen Free Extract	56.64[a]	50.96[b]	0.055
NDF	65.82[a]	62.39[b]	0.190
ADF	28.18[a]	29.40[a]	0.083
ADL	11.12[a]	10.15[b]	0.022
Hemicellulose	37.64[a]	32.99[b]	0.023
Cellulose	17.64[a]	19.25[a]	0.012
Calcium	0.62[b]	0.75[a]	0.012
Potassium	0.05[a]	0.004[b]	0.004

[ab] As médias na mesma linha com sobrescritos diferentes diferem significativamente (P<0,05) UDCP = Casca de mandioca não degradada

BDCP =   Casca de mandioca biodegradada *(Pleurotus tuber regium)*

NDF   =   Fibra detergente neutra

ADF   =   Fibra detergente ácida

ADL   =   Lignina de detergente ácido

Tabela 11: Composição Proximada e Fração Fibrosa das Dietas Experimentais (%) (DM

	T_1	T_2	T_3	T_4	T_5	SEM
CP	16.38[c]	17.56[b]	17.89[b]	18.22[a]	18.88[a]	0.018
CF	13.88[a]	13.64[b]	13.39[c]	13.15[d]	12.90[d]	0.015
EE	4.23[a]	4.21[ab]	4.19[bc]	4.18[bc]	4.16[c]	0.001
Ash	13.95[e]	14.24[d]	14.53[c]	14.81[b]	15.10[a]	0.010
NFE	51.56[a]	50.35[b]	50.00[c]	49.64[c]	48.96[d]	0.146
NDF	50.57[a]	50.30[b]	50.02[c]	49.75[d]	49.47[e]	0.011
ADF	26.30[d]	26.40[c]	26.49[b]	26.59[a]	26.69[a]	0.022
ADL	11.40[a]	11.32[b]	11.24[c]	11.17[d]	11.09[e]	0.010
Hemicellulose	24.27[a]	23.90[b]	23.53[c]	23.16[d]	22.78[e]	0.012
Cellulose	14.90[e]	15.08[d]	15.25[c]	15.43[b]	15.60[a]	0.013
Ca	1.78[c]	1.79[bc]	1.80[abc]	1.81[ab]	1.82[a]	0.006
P	0.42[a]	0.42[a]	0.41[b]	0.41[b]	0.41[b]	0.001
DM	95.20[b]	95.20[b]	95.30[a]	95.30[a]	95.15[b]	0.015
GE MJ/kg	1.721	1.721	1.717	1.713	1.711	

[abcde] As médias na mesma linha com diferentes sobrescritos diferem significativamente (P<0,05)

T_1= Dieta com 32 % de UDCP, T_2= Dieta com 8 % de BDCP, T_3= Dieta com 16 % de BDCP, T4= Dieta com 24 % de BDCP, T_5= Dieta com 32 % de BDCP

SEM = Erro padrão da média   FDN = Fibra em Detergente Neutro

ADF = Fibra em Detergente Ácido   ADL = Lignina em Detergente Ácido

UDCP = Cascas de mandioca não degradadas BDCP = Cascas de mandioca biodegradadas

A média da produção total de leite e a composição nutricional do leite de ovelhas alimentadas com níveis graduais de dietas BDCP foram apresentadas na Tabela 12. A produção de leite foi de 25,73, 41,58, 41,83, 37,37 e 37,34 % para T1, T_2, T_3, T_4 e T_5, respetivamente. A inclusão de BDCP nas dietas experimentais influenciou significativamente (P < 0,05) a produção total da lactação de 12 semanas. A média da produção total de leite foi mais alta para as ovelhas do T_3 (41,829 kg) alimentadas com 16% de BDCP.

A composição nutricional do leite das ovelhas nos cinco tratamentos experimentais não foi significativamente diferente (P > 0,05). O teor de PB foi de 5,90, 4,82, 4,58, 4,89 e 4,93 %, o teor de gordura foi de 2,67, 3,95, 3,75, 3,63 e 3,69 %, a lactose foi de 2,31, 3,00, 3,39, 2,62 e 3.14 %, os sólidos totais foram 12.69, 13.01, 27.19, 14.76 e 17.86 % enquanto a SNF foi 10.02, 9.06, 23.45, 11.12 e 14.47 % para T₁, T2, T₃, T4 e T5, respetivamente. O teor de gordura do leite aumentou e o PC diminuiu com a inclusão de BDCP nas dietas. Os valores de SNF e TS foram mais elevados para as ovelhas em T3 (23,446 e 27,19 %, respetivamente). O valor mais baixo de PB (4,58%) foi registado pelas ovelhas do T3, o que pode ser atribuído à maior produção de leite registada pelas ovelhas deste tratamento.

Tabela 12: Rendimento total médio (kg) e composição proximal (%) do leite de ovelhas alimentadas com níveis graduais de casca de mandioca biodegradada (BDCP

	T_1	T_2	T_3	T_4	T_5	SEM
Milk yield	25.73[b]	41.58[a]	41.83[a]	37.37[a]	37.34[a]	2.858
p^H	6.52	6.42	6.56	6.66	6.57	0.052
CP	5.90	4.82	4.58	4.89	4.93	0.375
Fat	2.67	3.95	3.75	3.63	3.39	0.542
TS	12.69	13.01	27.19	14.76	17.86	3.889
SNF	10.02	9.06	23.45	11.12	14.47	3.804
Lactose	2.31	3.00	3.39	2.62	3.14	0.210
Ca	0.25	0.31	0.30	0.27	0.26	0.028
P	0.04	0.03	0.16	0.16	0.28	0.068
EV (MJ/kg)	3.09	3.64	3.55	3.50	3.40	

[ab] As médias na mesma linha com diferentes sobrescritos diferem significativamente (P<0,05)

SEM = Erro padrão da média

UDCP = Casca de mandioca não degradada

BDCP = Casca de mandioca biodegradada *(Pleurotus tuber-regium)*

ST = Sólidos totais, SNF= Sólidos sem gordura, EV= Valor energético do leite

T_1= Dieta com 32 % de UDCP, T_2= Dieta com 8 % de BDCP, T_3= Dieta com 16 % de BDCP, T4= Dieta com 24 % de BDCP, T_5= Dieta com 32 % de BDCP

DISCUSSÃO

Os teores de MS, PC, CF e cinzas das cascas de mandioca observados neste estudo foram superiores aos valores relatados por Isah *et al.,* (2011). A melhoria nutricional observada no BDCP pode ser explicada pelo facto de as cascas de mandioca terem servido de meio para o metabolismo e subsequente crescimento do organismo inoculado. Para além disso, o organismo *(P. tuber-regium)* poderia ter despolimerizado a FDN, a ADL e a hemicelulose, convertendo depois os produtos noutros componentes úteis, como a proteína, a celulose e outros nutrientes úteis, tal como observado por Liu e Baidoo (2005) e Lawal *et al.* (2011). O aumento do valor da proteína bruta observado neste estudo pode ser parcialmente devido à capacidade dos fungos de aumentar a biodisponibilidade da proteína até então encapsulada pelas paredes celulares. Esta observação está de acordo com Liu e Baidoo (2005), que relataram que as enzimas fúngicas têm o potencial de melhorar não só os polissacáridos não amiláceos (NSP), mas também as proteínas brutas, bem como outros componentes dietéticos, tais como cinzas e ácidos gordos. O aumento do teor de cinzas das cascas de mandioca degradadas está de acordo com Akinfemi *et al.* (2011) que relataram um valor melhorado para as cinzas quando a casca de milho foi degradada usando diferentes espécies de fungos de podridão branca. Isto significa que foram disponibilizados mais minerais e vitaminas. A diminuição do nível de NDF, ADL e hemcelulose após a degradação e o aumento do componente ADF e celulose observados neste estudo é semelhante aos relatórios de Akinfemi *et al.,* (2011), que também relataram a redução de alguns componentes proximais e o aumento de outros. A diminuição dos valores de NDF, ADL e Hemcelulose também pode ser devida à deslignificação do complexo lignocelulósico e à sua utilização por micróbios durante a fermentação, conforme observado por Van Soest *et al.,* (1991). Neste estudo, observou-se que os fungos não degradaram a celulose, o que levou a uma maior quantidade de celulose nas cascas de mandioca degradadas. Este facto está de acordo com o relatório de Sarklong *et al.* (2010), segundo o qual alguns fungos da podridão branca atacam preferencialmente a lenhina sem degradar a celulose e as hemiceluloses.

O teor de proteína bruta (PB) entre 16,38 - 18,88 % nas cinco dietas experimentais, que é um reflexo dos níveis de BDCP nas dietas, é superior ao intervalo de 9 -14 % recomendado como requisito mínimo para a manutenção e produção de animais e, de facto, de ruminantes (Aduku, 1993). Os teores de Ca e P estavam acima dos níveis críticos (0,3 % Ca; 0,25 % P) e satisfariam adequadamente as necessidades dos ruminantes em clima quente e húmido (McDowell, 1985).

O PC do leite mais baixo observado nas ovelhas em T3 está de acordo com Morand-Fehr *et al.,* (1986) que referiram que as concentrações de gordura e proteína diminuíam cerca de 10 g/kg à medida que a produção de leite aumentava.

CAPÍTULO 5

EFEITO DAS CASCAS DE MANDIOCA BIODEGRADADAS NA UTILIZAÇÃO UTILIZAÇÃO DE NUTRIENTES DE OVELHAS ANÃS DA ÁFRICA OCIDENTAL (WAD) EM LACTAÇÃO

PREÂMBULO

Os subprodutos agrícolas são resíduos ricos em hidratos de carbono que representam uma fonte potencial de energia alimentar para os ruminantes. No entanto, o seu valor alimentar é limitado pela baixa degradação dos polissacáridos conseguida durante a digestão ruminal (Sundstol, 1988). A utilização destes materiais é limitada pela presença de lenhina, que impede o acesso das enzimas hidrolíticas à celulose e às hemiceluloses. Benvink e Mulder (1989) analisaram alguns trabalhos sobre mecanismos de pré-tratamento que vão desde a deslenhificação, sacarificação, irradiação com electrões elevados, etc., que promovem uma melhor utilização dos hidratos de carbono alimentares por enzimas bacterianas. Os tratamentos biológicos, incluindo a utilização de proteínas microbianas, antibióticos, probióticos, enzimas e ensilagem, constituem os métodos mais recentes de enriquecimento de alimentos para animais não digeríveis ou impregnados com os conhecidos anti-nutrientes. Para além da ensilagem, o aditivo mais recente para melhorar a qualidade da silagem é a ajuda biológica. Esta envolve inoculantes microbianos e enzimas celulolíticas com manuseamento e aplicação fáceis e seguros (Ram *et al.*, 1979).

Cowan *et al.*, (1996) defendem que a adição de enzimas aos ingredientes dos alimentos para animais resulta numa melhoria da energia da matéria-prima. Os microrganismos, tanto aeróbios como anaeróbios, são capazes de produzir enzimas extracelulares para degradar macromoléculas como o amido, a celulose, a hemicelulose, a lenhina e a pectina da célula vegetal (Priest, 1984), bem como proteínas e outros constituintes da membrana.

As cascas de mandioca representam importantes recursos alimentares para a produção de animais ruminantes na Nigéria, particularmente durante a escassez aguda de alimentos na estação seca adversa. Devido ao seu elevado teor de amido, as cascas de mandioca podem servir como fonte de hidratos de carbono facilmente fermentáveis (Onua e Okeke, 1999).

Este aspecto do estudo foi, portanto, concebido para examinar o potencial nutricional das cascas de mandioca biodegradadas para ovelhas em lactação.

MATERIAL E MÉTODOS

Animais de laboratório e sua gestão

Quinze (15) ovelhas, três de cada tratamento, com idades compreendidas entre os 18 e os 24 meses e pesando entre 19 e 21 kg, foram selecionadas aleatoriamente para determinar a digestibilidade da dieta. Os animais foram alojados numa gaiola de metabolismo e alimentados com as dietas testadas durante um período de habituação de 14 dias. Foi fornecida água potável gratuita. Os animais foram pesados no início dos ensaios de digestibilidade e as dietas experimentais foram oferecidas a 5 % do peso corporal por animal durante 7 dias. Durante os 7 dias do período de recolha, foram pesadas diariamente amostras fecais totais. As amostras de cada dia foram agrupadas no sétimo dia de recolha; as amostras de cada animal foram misturadas e secas na estufa a 60 °C e 10 % das amostras fecais totais foram retiradas como amostra representativa para análise química. O coeficiente de digestibilidade aparente dos nutrientes foi calculado utilizando a fórmula de McDonald *et al.*, (2011)

$$\% \, Digestibility = \frac{Nutrient \, consumed - nutrient \, in \, faeces}{Nutrient \, consumed} \; x \; 100$$

Análise química

As cascas de mandioca não tratadas, as cascas de mandioca tratadas, as dietas experimentais e as amostras fecais foram analisadas quanto à matéria orgânica e ao azoto segundo o procedimento AOAC (1990), enquanto a fibra detergente neutra (FDN) e a fibra detergente ácida (FDA) foram determinadas segundo o método de Van Soest e Robertson (1980).

A energia bruta (GE MJ/kg) foi calculada utilizando a equação recomendada por MacDonald *et al.* (2011):

GE (MJ/kg) = 0,0226CP + 0,0407EE + 0,0192CF + 0,0177NFE

Análise estatística

Os dados obtidos neste estudo foram submetidos a uma análise de variância (ANOVA) unidirecional utilizando o Minitab Statistical Software (Minitab, 1991).

RESULTADOS

O consumo médio diário de nutrientes dos ovinos WAD alimentados com níveis graduais de cascas de mandioca biodegradadas é apresentado no quadro 13, enquanto os coeficientes de digestibilidade aparente dos nutrientes dos ovinos WAD alimentados com cascas de mandioca biodegradadas são apresentados no quadro 14, respetivamente.

Os consumos médios diários de nutrientes não foram significativamente diferentes (P > 0,05) para a MS, OM, CF, EE e NFE. O DMI médio diário mais elevado, 1,591 kg, foi registado nas ovelhas alimentadas com a dieta T4. A ingestão de PC não seguiu nenhuma tendência particular, mas os animais alimentados com as dietas T4 e T5 consumiram mais PC do que os outros animais. No entanto, a ingestão de PC foi significativamente diferente (P < 0,05) para as ovelhas alimentadas com T$_4$ (0,29 kg) e T$_1$ (0,20 kg). Os valores para a ingestão de fibra bruta e extrato de éter seguiram o mesmo padrão de TI a T5. Registou-se um aumento progressivo da ingestão de FNE de T1 a T4, mas com uma diminuição da ingestão em T5. Os coeficientes de digestibilidade aparente dos nutrientes das ovelhas experimentais mostraram que as rações eram altamente digeríveis, com 8 % de substituição a ter o valor mais elevado em termos de MS, PC, CF, NFE e fracções de fibra. Os coeficientes de digestibilidade aparente dos nutrientes não diferiram significativamente (P > 0,05) entre as médias dos tratamentos, exceto no caso da celulose, em que se observou uma diminuição significativa da digestibilidade (P < 0,05) com a inclusão de BDCP nas rações. A tendência geral observada foi um aumento da digestibilidade aparente dos nutrientes com a inclusão de 8 % de BDCP na dieta (T$_2$) e, posteriormente, uma diminuição progressiva de alguns dos nutrientes, por exemplo, OM, CF, EE, NFE e ADL, reflectindo o fraco grau de utilização dos nutrientes.

Quadro 13: Ingestão média diária de nutrientes de ovinos WAD alimentados com níveis graduais de BDCP (kg) [abc

Nutrients	T$_1$	T$_2$	T$_3$	T$_4$	T$_5$	SEM
Dry Matter	1.19	1.38	1.27	1.59	1.33	0.087
Organic Matter	1.02	1.18	1.17	1.36	1.13	0.084
Crude Protein	0.20[c]	0.24[b]	0.23[b]	0.29[a]	0.25[b]	0.015
Crude Fibre	0.17	0.19	0.17	0.21	0.17	0.012
Ether Extract	0.05	0.06	0.05	0.07	0.06	0.004
Nitrogen Free Extract	0.61	0.69	0.72	0.79	0.65	0.056

As médias na mesma linha com diferentes sobrescritos diferem significativamente (P<0,05)

T$_1$= Dieta com 32 % de UDCP, T$_2$= Dieta com 8 % de BDCP, T$_3$= Dieta com 16 % de BDCP, T4= Dieta com 24 % de BDCP, T$_5$= Dieta com 32 % de BDCP

Quadro 14: Coeficiente de Digestibilidade Aparente dos Nutrientes de Ovinos WAD Alimentados com Níveis Graduais de Casca de Mandioca Biodegradada (BDCP) (%)

Nutrients	T_1	T_2	T_3	T_4	T_5	SEM
Dry Matter	73.78	74.84	66.60	66.62	65.51	3.153
Organic Matter	79.98	81.23	75.64	74.93	73.40	2.437
Crude Protein	66.36	70.79	61.14	61.96	64.33	3.492
Crude Fibre	63.30	64.17	54.60	54.60	52.11	4.366
Ether Extract	79.00	80.30	80.61	78.39	76.78	2.079
Nitrogen Free Extract	88.87	89.57	85.00	84.88	82.24	1.636
NDF	82.85	82.27	77.96	78.87	77.19	2.040
ADF	84.83	85.33	80.00	82.02	80.09	1.739
ADL	87.08	87.25	83.94	83.61	81.68	1.610
Hemicellulose	74.68[a]	68.62[b]	68.87[b]	59.53[b]	58.38[b]	3.677
Cellulose	83.93	86.35	77.91	81.29	79.72	2.136

[ab] As médias na mesma linha com diferentes sobrescritos diferem significativamente (P<0,05)

T_1= Dieta com 32 % de UDCP, T_2= Dieta com 8 % de BDCP, T_3= Dieta com 16 % de BDCP, T4= Dieta com 24 % de BDCP, T_5= Dieta com 32 % de BDCP

FDN = Fibra de Detergência Neutra

ADF = Fibra detergente ácida

ADL = Lignina detergente ácida

DISCUSSÃO

O aumento do consumo de PC por animais alimentados com dietas contendo BDCP observado pode dever-se à qualidade e quantidade de proteínas no BDCP, que pode ter melhorado a atividade de fermentação dos micróbios do rúmen, o que, por sua vez, melhorou a ingestão de proteínas (Fadiyimu *et al.*, 2010).

A alta digestibilidade observada neste estudo pode ser porque as rações forneceram nutrientes adequados para o crescimento bacteriano, o que teve um efeito sobre a digestibilidade do substrato (Bach *et al.*, 2005). A diminuição progressiva com o aumento do nível de BDCP nas dietas, que reflecte o fraco grau de utilização dos nutrientes, pode resultar da presença de factores anti-nutricionais (Yashim e Jokthan, 2010) a um nível que inibe a digestibilidade. A digestibilidade aparente mais elevada de todos os parâmetros medidos obtidos em T2 pode ser uma indicação de uma melhor utilização dos alimentos para animais com 8 % de inclusão de BDCP na dieta. A diminuição da digestibilidade com níveis crescentes de BDCP observada também pode ser atribuída ao nível decrescente de fibra à medida que os níveis de BDCP aumentam (Onigemo *et al.*, 2012). MacDonald *et al.*, (2011) também relataram que as dietas mistas e as que contêm partículas mais pequenas registaram uma redução acentuada da digestibilidade por aumento unitário do nível de alimentação, variando entre 0,02 e 0,03, e atribuíram este facto a efeitos associativos negativos que se tornam pronunciados em níveis mais elevados de alimentação. Isto também poderia explicar a diminuição progressiva da digestibilidade aparente dos nutrientes com o aumento dos níveis de BDCP observados neste estudo. Além disso, estes autores também indicaram que a fração fibrosa de um alimento, bem como a espécie animal em causa, têm a maior influência na digestibilidade. No presente estudo, as ovelhas digeriram melhor as dietas com maior teor de fibra. Este facto está de acordo com as observações de Mohammed *et al.* (2006), mas é contrário às conclusões de Adebowale e Taiwo (1996), que referiram anteriormente que um teor elevado de fibras inibe a digestibilidade. A digestibilidade mais elevada dos nutrientes em T1, em comparação com T_3, T_4 e T_5, observada neste estudo, embora não seja significativa, pode dever-se provavelmente ao facto de a sua ingestão ser mais baixa, uma vez que a digestibilidade e a ingestão estão inversamente relacionadas (Ifut *et al*, 1987).

CAPÍTULO 6

HEMATOLOGIA E QUÍMICA DO SANGUE

PREÂMBULO

A hematologia é o estudo científico das funções naturais e das doenças do sangue, enquanto os índices hematológicos são os factores no sangue que são normalmente determinados para avaliar o estado de saúde de um animal. Awoniyi, *et al.*, (2004) observou que a importância fisiológica dos eritrócitos no gado doméstico motivou estudos que levaram ao estabelecimento de alguns índices com os quais a saúde e o desempenho dos animais podem ser monitorizados. De acordo com Asaniyan *et al.* (2007), o estado de saúde mais importante é a anemia, que pode ser monitorizada através de índices como o volume de células concentradas (PVC), a contagem de glóbulos vermelhos (RBC) e o teor de hemoglobina (Hb), o volume corpuscular médio (MCV), a hemoglobina corpuscular média (MCH) e a concentração de hemoglobina corpuscular média (MCHC).

Estudos anteriores mostraram que as alterações nas variáveis do índice hematológico podem ser um indicador de várias doenças e condições de deficiência (Schalm et *al.*, 1975; Ewuola *et al.*, 2004). A estimativa do número total de glóbulos brancos (WBCs) e de cada tipo (neutrófilos, linfócitos, monócitos, basófilos e eosinófilos) é útil no diagnóstico de doenças. A leucopenia é uma diminuição do número de leucócitos circulantes e pode estar associada a infecções de origem viral que destroem os blastos em divisão ativa da medula óssea (Brar *et* al., 2011). Observou-se que o teor de proteínas totais e de creatinina depende tanto da qualidade como da quantidade de proteínas fornecidas na dieta (Schalm, 1970; Iyayi e Tewe, 1998). Eggum (1970) referiu que os valores séricos de proteína total, albumina e creatinina são indicadores da quantidade e da qualidade da utilização de proteínas na dieta.

Este aspeto do estudo foi, portanto, concebido para examinar o efeito das cascas de mandioca biodegradadas nos índices hematológicos e na química do sangue das ovelhas experimentais.

MATERIAIS E MÉTODO

Foram utilizadas para este estudo quinze (15) ovelhas em lactação. Foram colhidas amostras de sangue de três ovelhas em cada dieta experimental através de punção da veia jugular nas semanas 2, 6 e 12 após o parto para análises hematológicas e de proteínas séricas. Foram colhidas amostras de sangue (5 ml/animal), sendo 2,5 ml colocados em tubos de vacutainer esterilizados contendo ácido etileno diamino tetracético (EDTA) para estudo hematológico, enquanto os restantes 2,5 ml foram descarregados em tubos de vacutainer esterilizados sem EDTA para permitir a coagulação do sangue e a decantação do soro para análise.

O volume celular (PCV) e a contagem de eritrócitos foram determinados conforme descrito por Ewuola e Egbunike (2008). As contagens totais de leucócitos foram determinadas utilizando o hemocitómetro de Neubauer após diluição adequada. As constantes sanguíneas (volume celular médio, VCM, hemoglobina celular média, HCM e concentração de hemoglobina celular média, CHCM) foram determinadas utilizando as fórmulas adequadas descritas por Jain (2000). As proteínas totais do soro foram determinadas pelo método de Biureto, tal como descrito por Reinhold (1953). A albumina foi determinada utilizando o método do verde de bromoscresol (BCG), tal como descrito por Peter *et al.* (1982). A creatinina sérica foi determinada conforme descrito por Scott (1965). Os dados obtidos foram submetidos a uma análise de variância (ANOVA) unidirecional utilizando o Minitab Statistical Software (Minitab, 1991).

RESULTADOS

Os índices hematológicos e os valores da química do sangue nas semanas 2, 6 e 12 são apresentados nas Tabelas 15, 16 e 17, respetivamente. Os valores do volume de células concentradas (PCV) variaram entre 26,47 - 34,67, 30,70 - 39,23 e 33,30 - 38,70 por cento às semanas 2, 6 e 12, respetivamente. Não houve diferença significativa (P > 0,05) para o volume de células do pacote (PCV) na semana 2 entre os tratamentos. No entanto, na semana 6, houve uma diferença significativa (P < 0,05) nos valores de PCV entre as ovelhas alimentadas com a dieta de controlo e as ovelhas alimentadas com a dieta 5, que tinha 32% de BDCP. Os valores de PCV registados neste estudo estavam, em geral, dentro dos limites normais (27-43 %) para os ovinos. Os valores de glóbulos vermelhos (RBC): 8,68-12,11, 9,34 - 13,62 e 11,70 - 13,78 x10^{12}/l registados nas semanas 2, 6 e 12, respetivamente, estavam dentro do intervalo normal. Os níveis de hemoglobina (HGB) variaram de 8,27 - 10,97, 9,03 - 12,00 e 10,30 - 12,20 g/ dl nas semanas 2, 6 e 12, respetivamente. Na semana 2, os níveis de hemoglobina (HGB) foram significativamente (P < 0,05) mais elevados para as ovelhas em T_2 (10,97 g/ dl) e T_5 (10,75 g/ dl) em comparação com as ovelhas em T_1 e T_3 com valores de 8,27 g/ dl. Os valores de T_1 e T_3 estavam ligeiramente abaixo do intervalo normal para ovinos (9-14 g/ dl). Na 6ª semana, os níveis de HGB ainda eram significativamente diferentes (P < 0,05), com as ovelhas em T_1 apresentando o valor mais baixo. No entanto, na 12ª semana, não houve diferença significativa (P > 0,05) no nível de HGB entre os tratamentos. Os valores de proteína total variaram entre 67,33-75,77, 62,33-74,00 e 71,60-74,90 g/l nas semanas 2, 6 e 12, respetivamente. Os valores de proteínas totais foram significativamente diferentes (P < 0,05) na 6ª semana, tendo as ovelhas que receberam a dieta de controlo (T_1) o valor mais baixo (2,33 g/l). No entanto, os valores estão dentro da faixa normal (60 -75 g/l) para ovinos. Os níveis de albumina variaram de 33,00 - 38,37, 30,67 - 44,40 e

34,30 - 48,60 g/l nas semanas 2, 6 e 12, respetivamente. Os valores foram significativamente diferentes (P < 0,05) nas semanas 6 e 12. Os níveis de creatinina variaram de 2,40 - 7,20, 2,23 - 3,40 e 1,5 - 2,10 mg/ dl nas semanas 2, 6 e 12, respetivamente. Os níveis de creatinina de 7,2, 3,6, 2,55, 2,43 e 2,4 mg/ dl observados para T_1, T_2, T_3, T_4 e T_5, respetivamente, na semana 2, diminuíram significativamente (P < 0,05) com a inclusão de BDCP nas dietas na semana 2.

Tabela 15: Valores hematológicos e bioquímicos (na semana 2) de ovinos alimentados com as dietas experimentais

	T_1	T_2	T_3	T_4	T_5	SEM
PCV (%)	26.47	34.67	26.83	32.10	33.60	1.554
Platelet($x10^9$/ dl)	824	621	381.67	409.67	541.50	87.254
HGB (g/ dl)	8.27[b]	10.97[a]	8.27[b]	10.07[b]	10.75[a]	0.448
RBC ($x10^{12}$/ l)	8.68[b]	12.11[a]	9.10[b]	11.02[ab]	11.26[ab]	0.502
MCV (Pg)	30.78	28.87	29.60	29.17	30.15	1.096
MCH (Pg)	9.50	9.20	9.03	9.07	9.55	0.260
MCHC (g/ l)	312	320	307.67	313	319	3.765
WBC ($x10^9$/l)	11.05[ab]	10.30[ab]	7.93[b]	12.37[ab]	14.50[a]	1.070
Neutrophils (%)	35	38.67	37	41.67	36.50	3.666
Lymphocytes	60.33	58.33	58	54.33	58.00	4.331
Eosinophils	0.10	01.33	4.67	3.67	5.00	1.483
Monocytes	0.40	0.20	0.33	0.33	0.50	0.640
Basophils	0	0	0	0	0	0
Total proteins (g/ l)	67.33	75.77	75	73.57	74.85	6.073
Albumin (g/ l)	33	38.37	35.80	37.23	36.15	3.131
Creatinine(mg/ dl)	7.20[a]	3.60[b]	2.55[b]	2.43[b]	2.40[b]	0.612

[ab] As médias na mesma linha com diferentes sobrescritos diferem significativamente (P<0,05)

T_1= Dieta com 32 % de UDCP, T_2= Dieta com 8 % de BDCP, T_3= Dieta com 16 % de BDCP, T_4= Dieta com 24 % de BDCP, T_5= Dieta com 32 % de BDCP

Tabela 16: Valores hematológicos e bioquímicos (à 6ª semana) de ovinos alimentados com as dietas experimentais

	T_1	T_2	T_3	T_4	T_5	SEM
PCV (%)	30.70[b]	37.67[ab]	37.70[ab]	35.90[ab]	39.23[a]	1.426
Platelet($\times 10^9$/ dl)	651.67	606.33	479	525	492	69.633
HGB (g/ dl)	9.03[b]	11.60[a]	11.60[a]	10.67[ab]	12.00[a]	0.345
RBC ($\times 10^{12}$/ l)	9.34[b]	12.93[a]	13.02[a]	12.07[a]	13.62[a]	0.417
MCV (Pg)	32.8	29.27	29.00	29.73	28.87	0.720
MCH (Pg)	9.63	8.97	8.90	8.80	8.77	0.202
MCHC (g/ l)	295	341.33	307	297	305.67	9.888
WBC ($\times 10^9$/ l)	9	10.40	11.80	11.40	13.03	1.051
Neutrophils (%)	35	44	50	44	43.33	2.928
Lymphocytes	59.67	54	41	53.33	53.33	3.997
Eosinophils	01	2.67	07	1.33	2.67	1.249
Monocytes	4.33	1.33	03	1.33	0.67	0.841
Basophils	0	0	0	0	0	0
Total proteins (g/ l)	62.33[b]	74[a]	71.20[ab]	71.33[ab]	72.10[ab]	1.841
Albumin (g/ l)	30.67[b]	38.93[ab]	44.40[a]	38.17[ab]	39.30[ab]	1.668
Creatinine (mg/ dl)	2.23	2.63	3.40	2.90	2.87	0.437

[ab] As médias na mesma linha com diferentes sobrescritos diferem significativamente (P<0,05)

T_1= Dieta com 32 % de UDCP, T_2= Dieta com 8 % de BDCP, T_3= Dieta com 16 % de BDCP, T4= Dieta com 24 % de BDCP, T_5= Dieta com 32 % de BDCP

Tabela 17: Valores hematológicos e bioquímicos (na semana 12) de ovinos alimentados com as dietas experimentais

	T_1	T_2	T_3	T_4	T_5	SEM
PCV (%)	36.60	35.50	37.90	33.30	38.70	0.772
Platelet ($x10^9$/ dl)	473	511	376	498	520	56.127
HGB (g/ dl)	11.50	11.30	11.80	10.30	12.20	0.657
RBC ($x10^{12}$/ l)	12.17	13.78	13.10	11.70	12.97	0.870
MCV (Pg)	30.30[a]	25.80[b]	29.00[a]	28.50[a]	29.90[a]	0.445
MCH (Pg)	9.50	8.20	9.00	8.80	9.40	0.416
MCHC (g/ l)	314	318	311	309	315	4.803
WBC ($x10^9$/ l)	10.30[ab]	11.30[a]	9.40[b]	10.50[ab]	9.10[b]	0.276
Neutrophils (%)	38[b]	44[ab]	53[a]	43[ab]	47[ab]	2.218
Lymphocytes	56[a]	47[a]	30[b]	50[a]	46[a]	1.514
Eosinophils	04[b]	05[b]	12[a]	04[b]	05[b]	0.936
Monocytes	02[b]	04[a]	05[a]	03[ab]	02[b]	0.347
Basophils	0	0	0	0	0	0
Total proteins (g/ l)	74.90	72.40	74.20	71.60	72.00	0.798
Albumin (g/ l)	37.10[b]	39.00[b]	48.60[a]	38.10[b]	34.30[b]	1.933
Creatinine (mg/ dl)	1.80	1.70	2.10	1.80	1.50	0.096

[ab] As médias na mesma linha com diferentes sobrescritos diferem significativamente (P<0,05)

T1= Dieta com 32 % de UDCP, T2= Dieta com 8 % de BDCP, T3= Dieta com 16 % de BDCP, T4= Dieta com 24 % de BDCP, T5= Dieta com 32 % de BDCP

DISCUSSÃO

Os valores de PCV registados neste estudo encontravam-se, em geral, dentro do intervalo normal indicado por Brar *et al.,* (2011) para os ovinos. Um PCV inferior ao normal é uma indicação de que o animal é anémico. Os valores de glóbulos vermelhos (RBC) registados neste estudo foram semelhantes ao intervalo normal indicado por Brar *et al.,* (2011). Isto é uma indicação de que os animais experimentais mantiveram um bom estado de saúde ao longo de todo o período do estudo, tal como refletido nos valores da concentração média de hemoglobina corpuscular (MCHC) e da hemoglobina corpuscular média (MCH), que também se encontravam dentro dos níveis normais para ovinos (Brar *et al.*, 2011). A MCHC é muito importante no diagnóstico da anemia e é um índice da capacidade da medula óssea para produzir glóbulos vermelhos (Njidda *et al.*, 2013).

Os valores de proteínas totais registados neste estudo são semelhantes aos valores normais para ovinos (Brar *et al.* 2011). A albumina é uma proteína importante, que representa 35 a 50 % das proteínas totais do soro ou do plasma. É uma das principais proteínas de transporte no sangue, que mantém a pressão osmótica do plasma (Brar *et al.*, 2011). A hipoalbuminemia ou diminuição da albumina é observada na desnutrição. Os valores de albumina observados neste estudo foram mais elevados do que o intervalo normal registado para os ovinos (Brar *et al.*, 2011). Isto pode ser uma indicação de um bom metabolismo proteico precedido de uma nutrição correta (Grunwaldt *et al.*, 2005). Os níveis de creatinina observados com a inclusão de cascas de mandioca degradadas *de Pleurotus tuber-regium* (BDCP) nas dietas nas semanas 2 e 6 estão acima da faixa normal para ovinos. Bell *et al.*, (1976) referiram que uma das principais fontes de excesso de creatinina no sangue dos animais é o desgaste muscular e a catabolização do fosfato de creatinina. A creatinina é formada a partir da creatina, que armazena energia nos músculos sob a forma de fosfocreatina. Na semana 12, os níveis de creatinina baixaram para o intervalo normal. Brar *et al.*, (2011) referiram que, quando a atividade física do organismo é normal, a creatinina no sangue permanece dentro do intervalo normal; isto sugere que as dietas de ensaio eram nutricionalmente adequadas para manter a atividade física normal do organismo dos animais experimentais.

RESUMO GERAL E CONCLUSÃO

Dos resultados obtidos neste estudo, pode concluir-se que;

(i)   A maioria dos inquiridos consumiu leite fresco de vaca e a maioria não tinha conhecimento do consumo de leite de ovelha e de cabra.

(ii)   A razão pela qual a maioria das pessoas não consome leite fresco regularmente deve-se à falta de disponibilidade do produto e ao seu custo.

(iii)   As ovelhas Yankasa produziram mais leite do que as ovelhas WAD. O leite produzido pelas raças WAD e Yankasa tinha uma composição nutricional semelhante.

(iv)   O método de ordenha afectou significativamente a estimativa da produção de leite. Os métodos de sucção e de ocitocina não foram significativamente diferentes. Qualquer um dos dois métodos pode ser usado para estimar a produção de leite das ovelhas.

(v)   A degradação da casca de mandioca com *Pleorotus tuber-regium* influenciou o valor nutritivo da casca de mandioca; os níveis de PC, EE, cinzas e Ca aumentaram, enquanto os níveis de NDF, ADL e hemicelulose diminuíram.

(vi)   A inclusão de BDCP nas dietas dos tratamentos aumentou significativamente a produção de leite. A maior produção foi registada nas ovelhas do tratamento T3, que tinham 16% de BDCP na dieta. Pode, portanto, concluir-se que o nível ótimo de inclusão de BDCP para ovelhas em lactação deve ser de 16%.

(vii)   No entanto, a inclusão de BDCP não afectou significativamente a composição do leite das ovelhas.

(viii)   A alimentação com BDCP como dieta suplementar não afectou negativamente o estado de saúde dos animais experimentais e, por conseguinte, é segura para alimentar ovelhas WAD em lactação.

(ix)   A alimentação com BDCP numa dieta suplementar não afectou significativamente a digestibilidade dos nutrientes em ovinos com WAD.

RECOMENDAÇÕES

(i)   A maior parte dos agregados familiares nas zonas rurais e urbanas que têm ovelhas deveriam ser esclarecidos e encorajados a ordenhar estes animais para fornecer uma fonte barata de proteínas animais para a família, de modo a prevenir a subnutrição, o kwashiorkor e o nanismo intelectual.

(ii)   A investigação sobre possíveis factores antinutrientes contidos na casca de mandioca biodegradada deve ser realizada para determinar o seu valor alimentar para animais monogástricos.

(iii)   A avaliação do potencial de produção de leite das ovelhas deve ser alargada de modo a incluir as raças Uda e Balami. A avaliação deve incluir mesmo o período pós-desmame para avaliar efetivamente a persistência da produção de leite, um traço de carácter adequado para a produção de leite. Os três métodos de estimativa da produção de leite devem ser experimentados para encontrar as diferenças na resposta da produção de leite.

REFERÊNCIA

Adebowale, E. A. (1983). O desempenho de cabras e ovelhas anãs da África Ocidental alimentadas com silagem e concentrado. *World Review of Animal Production,* 4: 15 - 20.

Adebowale, E. A. e Ademosum, A. A. (1981). As caraterísticas da carcaça e a composição química dos órgãos e músculos de ovinos e caprinos alimentados com uma ração à base de grão seco de cerveja (BDG). *Tropical Animal Production,* 6: 133 - 137.

Adebowale, E.A. e Taiwo, A.A. (1996). Utilização de resíduos de culturas e subprodutos agro-industriais como dieta completa para cabras e ovelhas anãs da África Ocidental. *Nigerian Journal of Animal* Production, 23(1): 153 - 160.

Adegbola, T. S. (1985). Propagação, gestão e utilização da planta Browse. In: Adu, I.F., Osinowo, O. A., Taiwo, B.B.A. e Alhassan, W.S (eds). Small Ruminant Production in Nigeria (Produção de pequenos ruminantes na Nigéria). Pp 85 - 99.

Aderemi F. (2000). Suplementação enzimática de peneira de raiz de mandioca e sua utilização por poedeiras. Tese de doutoramento, Departamento de Ciência Animal, Universidade de Ibadan. 238pp.

Adewumi, O. O., Ologun, A. G. e Alokan, J. A. (2001). Avaliação sensorial e comercialização de ovinos em Akure. *Journal of Agriculture, Forestry and Fisheries,* 2:5-7.

Adu, I.F e Ngere, L. O. (1979). Indigenous sheep of Nigeria (Ovelhas autóctones da Nigéria). *World Review of Animal Production* 10 (3): 51-62.

Aduku, A.O. (1993). Tropical Feedstuff Analysis Table. Compilado por Aduku, A.O., Department of Aminal Science Ahamdu Bello University, Samaru, Zaria, Nigéria. p 1.

Aduku, A.O. e Olukosi, J.O. (2000). Animal Products: processing and handling in the Tropics. 2nd edição. Série Living Books. Gu Publications, Abuja, Nigéria. p.77.

Aganga, A.A. (1992). Water utilization by sheep and goats in Northern Nigeria (Utilização da água por ovinos e caprinos no Norte da Nigéria). FAO, *World Animal Review,* 73: 9 - 14.

Agosin, E. e Odier, E. (1985). Fermentação em estado sólido, degradação da lenhina e digestibilidade resultante da palha de trigo fermentada por fungos selecionados de podridão branca. *Applied Microbiology and Biotechnology,* 21: 397-400.

Agosin, E., Tollier, M. T. Heckmann, E., Brillonet, J. M., Thivend, P., Monties, B., e Odier, E. (1987).

Efeito do tratamento fúngico de lignoceluloses na degradabilidade. In: Zadrazil, F., Van der Meer, J.M., Rijkans, B.A. e Ferranti, M.P. (eds). Degradation of lignocelluloses in Ruminant and in Industrial processes. Elsevier Applied Science, Londres. Pp. 35-43.

Agu, H.O., Adidi, J.I. e Animashaun, R. Y. (2012). Efeito de diferentes concentrações de *Pleurotus tuber regium* na qualidade da sopa egusi. *Jornal Internacional de Alimentos e Pesquisa Agrícola*, 9(2): 63 - 71.

Ahamefule, F.O., Ibeawuchi, J.A. e Ejiofor, C.A. (2003). Um estudo comparativo dos constituintes do leite de vaca, ovelha e cabra em ambiente quente e húmido. *Descoberta e Inovação*, 15(1/2): 64-67.

Akinfala, E.O. e Tewe, O.O. (2002). Avaliação do valor energético e proteico de farinhas integrais de mandioca em dietas de suínos em crescimento nos trópicos. *Boletim de Saúde e Produção Animal em África*, 50: 228-234.

Akinfemi, A. (2011). Potencial dos subprodutos de milho degradados por fungos como alimento para o carneiro anão da África Ocidental (WAD). Tese de doutoramento, Departamento de Ciência Animal, Universidade de Ibadan, Nigéria. 142pp.

Alichanidis, E. e Polychroniadou, A. (1996). Caraterísticas especiais dos produtos lácteos à base de leite de ovelha e de cabra do ponto de vista físico-químico e organolético. In: Proceedings of IDF/CIVRAL Seminar on Production and Utilization of Ewe and Goat Milk, Creta, Grécia, International Dairy Federation, Bruxelas, Bélgica. FAO. Pp. 21-43.

Anderson, J. W. e Chen, W. J. (1979). Fibra vegetal, hidratos de carbono e metabolismo lipídico. *American Journal of Clinical Nutrition*, 32: 346- 363.

Annison, G. e Choct, M. (1993). Enzimas em dietas de aves de capoeira. In: Wenk, C. e Boessinger, M., (eds). Enzymes in animal nutrition. Kartause Ittingen, Thurgau, Suíça. Pp. 61 - 68.

AOAC (Association of official Analytical chemist) (1980). Métodos oficiais de análise. 13ª edição. AOAC, Washington, Dc, EUA. 148pp.

AOAC (Association of official Analytical chemist) (1990). The official methods of Analysis. Association of Official Analytical Chemist, 15ª edição. Washington DC. Pp 69 - 88.

Apata, O. M. e Adewumi, O. O. (2011). Perceção do consumo de leite de ovelha e de cabra entre os habitantes das zonas rurais do sudoeste da Nigéria. *Nigeria Journal of Animal Production*, 38 (1):

145-152.

Asaniyan, E.K., Agbede, J.O. e Laseinde, E.A.O. (2007). Influência da densidade populacional nos índices hematológicos de frangos de carne criados em diferentes camas. *Tropical Journal of Animal Science,* 10 (1 - 2): 41 -45.

Asaolu, V.O. e Odeyinka, S.M. (2006). Desempenho de ovinos da África Ocidental alimentados com dietas à base de cascas de mandioca. *Nigerian Journal of Animal Production,* 9: 74-84.

Awoniyi, T.A.M., Adebayo, I.A. e Aletor, V.A. (2004). Estudo de alguns índices eritrocitários e análise bacteriológica de frangos de carne criados com dietas à base de farinha de larvas. *International Journal of Poultry Science,* 3 (6): 386 - 390.

Babayemi, O. J. e Bamikole, M. A. (2006). Efeito da folha de *Tephrosi candida* DC e da sua mistura com erva da Guiné nas alterações da fermentação invitro em alimentos para ruminantes na Nigéria. *Jornal de Nutrição do Paquistão,* 5(1): 11- 18.

Bach Knudsen, K. E. (1997). Carbohydrate and lignin content of plant materials used in animal feeding. *Animal Feed* Science, 67: 319 - 338.

Bach, A., Calsamilglia, S. e Stern, M.D. (2005). Nitrogen metabolism in the rumen (Metabolismo do azoto no rúmen*). Journal of Dairy Science,* 88: 9-21.

Baker, R.I., Carter, A. H. e Beatson, P. R. (1975). Teste de progénie de touros Angus Hereford para desempenho de crescimento. *Actas da Sociedade Neozelandesa de Produção Animal,* 35: 103 - 111.

Balch, C.C. (1977). Digestão e valor nutritivo dos ruminantes. In: Animal nutrient requirements and computerization of diets. Fonnesbeck, P. V., Harris, L.E. e Kearl, L.C. eds. Proceedings of the first international symposium on feed composition, International symposium held in Logan, Utah, 11 - 16th July, 1976. Pp. 214 - 218.

Bamikole, M.A., Ikhatua, U. J., Arigbede, O. M., Babayemim O. J. e Etela, I. (2004). Uma avaliação da aceitabilidade de alguns componentes nutritivos e anti-nutritivos e da degradação da matéria seca das cinco espécies de ficus. *Tropical Animal Health and production,* 26: 157-167.

Banda, J. W., Steinbach, J. e Zerfas, H. P. (1990). Composição e rendimento do leite de cabras e ovelhas não leiteiras no Malawi. In: Rey, B., Lebbie, S.H.B. and Reynolds, L. eds, Proceeding of the 1st Biennial Conference of the African Small Ruminant. Pp. 460 - 483.

Banjo, N. O., Opere, B. O. e Abaja, Z. A. (2003). Comparação do crescimento e rendimento do *pleuroto* (*Pleurotus pulmonarius*) em três variedades de serradura. *Nigerian Food Journal,* 21: 129 - 132.

Bao, W. e Ranganathan, V. (1991). Redução de triiodeto por celobiose: quinina oxidoreductare de *Phanerochaete chrysosporium. Jornal da Federação das Sociedades Bioquímicas Europeias,* 279(1): 30 - 32.

Barde, R. E. (2014). Potencial nutricional de cascas de mandioca biodegradadas para cabras anãs da África Ocidental em crescimento. Tese de doutoramento. Departamento de Produção Animal, Universidade de Agricultura, Makurdi. 178pp.

Barrios-Gonzalez, J. A., Tomasini, G., Viniegra-Gonzalez e Lopez, L. (1994). Produção de penicilina por fermentação em estado sólido. *Jornal de Biotecnologia,* 10(11): 793 - 798.

Bau, H. M., Villaume, C., Lin, C.F., Evard, F., Quemener, B., Nicolas, J. P. e Mejean, L. (1994). Effect of solid state fermentation using *Rhizopus oligosporus* sp. T-3 on elimination of antinutritional substances and modification of biochemical constituents of defatted rapessed meal. *Jornal de Ciência, Alimentação e Agricultura,* 65: 315 - 322.

Bauchop, T. (1981). Os fungos anaeróbios na digestão da fibra ruminal. *Agricultura e Ambiente,* 6: 339 - 348.

Belewu, M. A. e Banjo, N. O. (1999). Biodegradação da casca de arroz e da palha de sorgo por cogumelos comestíveis *(Pleurotus sajo caju). Tropical Journal of Animal Science,* 2: 137-142

Belewu, M. A. e Belewu, K. Y. (2005). Cultivo de cogumelos *(Vovariella volvacea)* em folhas de bananeira. *Jornal Africano de Biotecnologia,* 4 (12): 1401 - 1403.

Bell, G. H., Emslie-Smith, D. e Paterson, C.R. (1976). Physiology and Biochemistry, 9th edition. Churchill Livingstone, Edimburgo, Pp. 229-230.

Benvink, J.M.N e Mulder, M. M. (1989). The plant cell wall; architecture of the plant cell wall fragments, cell wall degrading enzymes and their possible use in ruminants and monogastric livestock feeding. *Nutritional Research IV,* (200): 1 - 41.

Bergmen, E. N. (1990). Contribuições energéticas dos ácidos gordos voláteis do trato gastro intestinal em várias espécies. *Physiology Review,* 70: 567 - 590.

Bocquier, F., e Caja, G. (1999). Efeitos da nutrição na qualidade do leite de ovelha. In: D. L. Thomas e S. Porter eds. Actas do 5º Simpósio de Ovinos Leiteiros dos Grandes Lagos, Brattleboro, Vermont,

Universidade de Wisconsin-Madison. Pp. 1 - 15.

Bohn, P.J. e Fales, S.L. (1989). Cinnamic acid-carbohydrates esters: an evaluation of a model system. *Journal of Food Science and Agriculture,* 48:1-7.

Bourquin, L. D., Garleb, K. A., Merchan, N.R. e Fahey Jr, G. C. (1990). Effects of intake and forage level of site and extent of digestion of plant cell numeric components by sheep. *Journal of Animal Science,* 68: 2479 - 2495.

Bourbonnais, R. e Paice. M. G. (1988). Veratryl alcohol oxidases from the lignin-degrading basidiomycete *Pleurotus sajor-caju. Biochemistry Journal,* 255: 445-450.

Brar, R.S, Sandhu, H.S. e Singh, A. (2011). Diagnóstico clínico veterinário por métodos laboratoriais. 3rd edição. Kalyani, Nova Deli. Pp. 89-96.

Buffano, G., Dario, C. e Laudadio, V. (1996). Caracterização da variação da composição química e dos parâmetros lactodinâmicos do leite de ovelhas lecese em relação à contagem de células somáticas. In: Rubion, R. (ed). Simpósio Internacional, leite com células somáticas de pequenos ruminantes. Bella, Itália, 25-27 de setembro, Wageningen Pers, EAAS, Publicação No. 77. Pp. 301-304.

Burritte E. A, Bittner A.S, Street J. C. e Anderson M.J. (1985). Comparação de métodos laboratoriais de previsão da digestibilidade in-vitro da matéria seca em três gramíneas em maturação. *Journal of Food Chemistry,* 33: 725-728.

Buta, J. G., Zadrazil, F. e Galletti, G. C. (1989). Determinação FT-IR da degradação da lignina na palha de trigo pelo fungo da podridão branca stropharia rugosoannulata com diferentes concentrações de oxigénio. *Journal of Agricultural and Food Chemistry,* 37 (5): 1382-1384.

Buxton D.R e Russell J.R. (1988). Lignin constituents and cell wall digestibility of grass and legume stems (Constituintes da lignina e digestibilidade da parede celular de caules de gramíneas e leguminosas). *Journal of Crop Science,* 28: 553-558.

Campbell G.A e Bedford M.R. (1992). Enzyme application for monogastric feeds (Aplicação de enzimas em alimentos para monogástricos). *British Journal. of Animal Science,* 33: 45-49.

Canel, E. e Moo-Young, M. (1980). Sistemas de fermentação em estado sólido. *Process Biochemistry,* 15: 24 - 28.

Chahal, D. S. (1992). Bioconversões de poissacarídeos de lignocelulose e degradação simultânea de lignina. In: Chahal, D.S. e Kennedy, J.F. (eds). Lignocellulosics: Science, Technology, Development and Use. Ellis Horwood Limited, Inglaterra, Pp. 83 - 93.

Chahal, D.S. (1985). Fermentação em estado sólido com *Trichoderma reesi* para produção de celulose. *Appllied Environmental Microbiology,* 49: 205.

Chang, S. T. e Buswell, J. A. (1996). *Mushroom* nutriceuticals. *World Journal of Microbal Biotechnology,* 12: 473 - 476.

Chesson, A. (1995). Feed enzymes. *Animal Feed Science and Technology,* 45: 65-79.

Chiavari, G., Concialini, V. e Galletti, G. C. (1988). Deteção eletroquímica na análise de fenólicos de plantas por cromatografia líquida de alta eficiência. *Analyst,* 113: 9 - 94.

Choct, M. (1998). Polissacáridos não amiláceos dos alimentos para animais: Chemical structure and nutritional significance. *British Poultry* Science, 306: 62-98.

Church, D.C., (1979). Digestive physiology and nutrition of ruminants (Fisiologia digestiva e nutrição de ruminantes). 2ª Edição. McGraw-Coy. Nova Iorque. 452 pp.

Cowan, W. D., Korsbak, A., Hastrup, T. e Rasmussen, P.B. (1996). Influence of added microbial enzymes on energy and protein availability of selected feed ingredients *Animal Feed Science Technology,* (60): 311 - 319.

Daniluk, R.H.N. (2006). As maravilhas do leite de ovelha descobertas - o dobro da nutrição e todo o sabor. *Journal of the Diary Sheep Association of North America,* 5 (1): 3 - 7.

Devendra, C. e Mcleroy, G.B. (1982). Goat and sheep production in the tropics (Produção de caprinos e ovinos nos trópicos). Edição de reimpressão ilustrada, Longman, Londres. U.K.. 271 pp.

Dierick N. e Decuypere J. (1996). Mode of action of exogenous enzymes in growing pig nutrition (Modo de ação das enzimas exógenas na nutrição de suínos em crescimento). *Pig News Information,* 17: 41 - 48.

Dierick, N. A. (1989). Biotecnologia do ácido para melhorar a digestão dos alimentos para animais, enzimas e fermentação. *Arichives of Animal Nutrition. Berlim,* 39 (3): 241 - 261.

Doelle, H. W., Mitchell, D. A. e Rolz, C. E. (1992). Cultivo em substrato sólido. 1st edição. Elsiever Science Publication Ltd, Londres e Nova Iorque. 466 pp.

Doney, J. M., Peart, J. N. e Smith, W. F. (1979). A consideration of the technique used for estimation of milk yield by suckled sheep and a comparison of estimates obtained by two methods in relation to the effect breed, level of production and stage of lactation. *Journal of Agricultural Science.* (Cambridge), 92: 123-132.

Dougherty, R. W., Mullenok, C. H. e Allison, M. J. (1964). Fenómenos fisiológicos associados à eructação em ruminantes. In: Dougherty, R. W. (ed). Physiology of Digestion on the Ruminant Butterworth's, London. Pp. 262 - 271.

Doyle, P.T., Devendra, C. e Pearce, G. R. (1986). Rice straw as feed for ruminants (Palha de arroz como alimento para ruminantes). International development for Australian Universities and colleges (IDP), Camberra. p. 117

Dusterhoft, E. M., Voragan, A. G. J. e Engels, F.M. (1991). Polissacárido não amiláceo da farinha de girassol (Helianthus annus) e da farinha de palmiste (Elaeise guieensis): Preparação de material de parede celular e excreção de fracções de polissacáridos. *Journal of Science of Food and Agriculture.* 5: 4112 - 422.

Dutton, J. (1987). As enzimas de silagem estão a começar a ganhar amigos. Farmers weekly, fevereiro, 13. 40 pp.

Eastwood, M. A. e Passmore, R. (1983). Dietary Fibre (Fibra Alimentar). *Lancet,* 23 (2): 202 - 206.

Economides, S. (1986). Comparative studies of sheep and goats: milk yield and composition and growth rate of lambs and kids. *Journal of Agricultural Science* (Cambridge), 106: 477484.

Eggum, O. (1970). Blood Urea Measurement as a Technique for Assessing Protein Quality (Medição da ureia no sangue como técnica de avaliação da qualidade das proteínas). *British Journal of Nutrition,* 24: 983 - 988.

El-Badawi, A.Y. e Gado, H.M. (1998). Necessidades de água das cabras egípcias. Boletim Informativo da Associação Internacional de Caprinos (IGA), janeiro de 1998. p. 7.

Emaikwu, S.O. (2008). Fundamentos de métodos e estatísticas de investigação educacional. 1st edição. Deray Prints Ltd. Kaduna, Nigéria. Pp. 68 - 78.

Erikson, K. E. (1981). Avaliação da qualidade nutritiva da palha tratada com fungos e modificação adicional do cereal do processo de amêndoa. *Indian Animal Science,* 64: 854 - 865.

Ewuola, E. O., Folayan, O.A., Gbore, F.A., Adebunmi, A.I., Akaanji, R.A., Ogunlade, J.T. e Adeneye, J.A. (2004). Physiological response of growing West African Dwarf goats fed groundnut shell-based diets as the concentrate suppliments. *Bowen Journal of Agriculture*, 1(1): 61 - 69.

Ewuola, E.O. e Egbunike, G.N. (2008). Resposta hematológica e bioquímica sérica de coelhos em crescimento alimentados com diferentes níveis de fumonismo B_1 na dieta. *Jornal Africano de Biotecnologia*, 7 (23): 4304 - 4309.

Fadiyimu, A.A., Alokan, J.A. e Fajemisin, A.N. (2010). Digestibilidade, balanço de azoto e perfil hematológico de ovelhas anãs da África Ocidental alimentadas com níveis dietéticos de Moringa oleifera como suplemento ao Panicum maximum. *Jornal de Ciência Americana,* 6 (10): 634 - 643.

Fahey, G. C. Jr., Bourquin, L. D., Titemeyer, E. C. e Atwell, D. G. (1993). Postharvest treatment of fibrous feedstuffs of improve their nutritive value (Tratamento pós-colheita de alimentos fibrosos para melhorar o seu valor nutritivo). In: Jung, H. G. e Buxton, D. R. (eds). Cell Wall Structure and Digestibility (Estrutura da Parede Celular e Digestibilidade). Pp. 716 - 776.

Fan, U. I., Young-Hyun Lee e Gharpuray, M. M. (1982). A natureza das lignoceluloses e o seu pré-tratamento para hidrólise enzimática. *Advance Biochemical Engineering,* 23: 157187.

Fasidi, I. O. e Ekuere, U. U. (1993). Estudos sobre *Pleurotus tuber-reguim* (Fries) Singer: Cultivo, composição de aproximação e conteúdo mineral dos esclerócios. *Química Alimentar,* 48: 255 - 258.

Fasina, O.O., Ewuola, S.O. e Fasasi, A.R. (2005). Consumo de carne de aves de capoeira na metrópole de Akure. In: Orheruata, A. M., Nwokoro, S.O., Ajayi, M.T., Adekunle, A.T. e Asumugha, O. N. eds. Actas da [39a] Conferência da Sociedade Agrícola da Nigéria, Benim 2005. Pp. 172 - 175.

Fievez, V., Dohme, F., Danneels, M., Raes, K. e Demeyer, D. I. (2003). Fish oil as potent rumen methane inhibitor and associated effects on rumen fermentation *In vitro and in vivo. Animal Feed Science Technolgy,* 104: 41 - 58.

Organização das Nações Unidas para a Alimentação e a Agricultura (FAO) (1983). Livestock population of the world. Production Year book vol. 36.   .

Organização das Nações Unidas para a Alimentação e a Agricultura (FAO) (1998). Women and /sustainable food security. www.fao.org/wacent/faoinfo/sustdev/fsdirect/fsdoe 001.htm. recuperado em 6 de março de 2008.

Organização das Nações Unidas para a Alimentação e a Agricultura (FAO) (2009). ProdSTAT, base de dados eletrónica, em http://faostat.org/site/573/default.aspx, actualizada em junho de 2009.

Organização das Nações Unidas para a Alimentação e a Agricultura (FAO) (2010). Inventário mundial de ovinos.

Freer, S. N. e Detroy, R. W. (1982). Deslignificação biológica de lignoceluloses marcadas com 14C por *basidiomicetos:* degradação e solubilização dos componentes de lignina e celulose. *Mycologia,* 74(6): 943 - 951.

Gatenty, R.M. (2002). Sheep. 1st edição, Macmillian Publishers Ltd. Pp. 156 - 158.

Georing, H, K. e Van Soest, P.J. (1970). Forage fibre analysis apparatus reagents, procedures and some applications. Agricultural handbook No. 379 USDAARS, Washinton, D.C. P. 20402. Pp. 1-20.

Getachew, G., Depeters, E. J., Robinson, P.H. e Taylor, S. J. (2001). Fermentação ruminal *in vitro* e produção de gás: Influence of yellow grease, tallow, corn oil and their potassium soaps, *Animal Feed Science and Technolog,* 93: 1 - 15.

Getachew, G., Robinson, P. H., DePeter, E. J., Taylor, S. J., Gisi, D.D., Higginbotham, G. E. e Riordan, T. J. (2005). Methane production from commercial dairy rations estimated using an *In vitro* gas technique. *Animal Feed Science and Technology,* 123 - 124: 391-402.

Gillespie, J.R. (1992). Modern Livestock and poultry production. 4ª edição Delmar Pub. Inc. U.S.A. Biblioteca do Congresso Catalogação nos dados de publicação (6). Pp. 435 - 440.

Gordon, H.H., Lomax, J. A. e Chesson, A. (1983). Glycolytic linkages of legume, grass and cereal straw walls before and after extensive digestion by rumen micro-organisms. *Journal of Science Food and Agriculture,* 34: 1341 - 1350.

Goyal, A. Ghosh, D. e Eveleigh, D. (1991). Characterization of fungal cellulases. *Bioreseach Technology,* 36: 37 - 50.

Grundwaldt, E.G., Guevara, J. C., Estevez, O. R., Vicente, A., Rousselle, H., Alcunten, N., Aguerregary, D. e Stasis, C.R. (2005). Medidas biológicas e hematológicas (Argentina). *Tropical Animal Health and Production,* 37: 527-540.

Ha, J.K., e R.C. Lindsay. (1991). Contribuições dos leites de vaca, ovelha e cabra para a caraterização de ácidos gordos de cadeia ramificada e sabores fenólicos em queijos varietais. *Journal of Dairy Science,* 74:3267-3274.

Haltrich, D., Nidetzky, B. e Kulbe, K. D. (1996). Production of fungal xylanases, *Bioresearch Technology,* 58: 137 - 161.

Hamlyn, P. F. (1998). Enzimas extracelulares de *penicillium*: In: Pebeddy J. F. (ed). Biotechynology, Handbooks Vol. 1. *Penicillium* e *Acremonium*. Plenum Publishing Corporation. Nova Iorque. Pp. 245 - 286.

Han, Y. W. (1978). Utilização microbiana da palha - uma revisão. *Microbiologia Aplicada Avançada*, 23: 119.

Han, Y. W. e Anderson, A. W. (1975). Fermentação microbiana da palha de arroz. Composição nutricional e produtos de digestibilidade *in vitro*. *Microbiologia Aplicada*, 30: 930 - 933.

Hartley, R.D, Morrison W.H, Himmelsbach D.S e Borneman W.S. (1990). Cross-linking of cell wall phenolics arabinoxylans in graminaceous plants. *Photochemistry*, 29: 3705 - 3709.

Henrissat, B. e Bairoch, A. (1996). Atualização da classificação baseada na sequência de hidrolases de glicosilo. *Biochemistry Journal*, 316: 695 - 996.

Holter, J.B. e Young, A.J. (1992). Previsão de metano em vacas Hostein secas e em lactação. *Journal of Dairy Science*, 75: 2165 - 2175.

Hoover, W.H. (1986). Factores químicos envolvidos na digestão ruminal da fibra. *Journal of Dairy Science*, 69: 2755 - 2766.

Howard, R. L., Abotsi, E., Jansen van Rensburg, E. L. e Howard, S. (2003). Biotecnologia da lignocelulose: questões de bioconversão e produção de enzimas. *Jornal Africano de Biotecnologia*, 2 (12): 602 - 619.

Hutjens, M. E. (1992). Seleção de aditivos para alimentação animal. In: Van Horn, H. H. e Wilcox, C. J. (eds). Large Dairy Herd Management. American Dairy Science Association Survey. Pp. 309 - 317.

Ifut, O.J. Adeneye, J.A. e Akinsoyinu, A.O. (1987). A influência da suplementação com cascas de mandioca na ingestão e digestibilidade de Panicum maximum por cabras anãs da África Ocidental. In: Actas da [12a] Conferência Anual da Sociedade Nigeriana de Produção Animal de 22 [nd] a 26 [th] de março de 1987, Universidade de Ibadan, Nigéria. Pp. 98-104.

Isah, O.A., Aderinboye, R.Y. e Enogieru, V.A. (2011). Efeito do fator anti-nutricional nas bactérias ruminais de cabras anãs da África Ocidental alimentadas com espécies tropicais e subprodutos de culturas. In: Adeniji, A.A., Olatunji, E.A. e Gana, E.S. eds. Actas da [36a] Conferência Anual da Sociedade Nigeriana de Produção Animal, de 13 a 16 de março de 2011, Universidade de Abuja,

Nigéria. Pp. 543 - 545.

Iyayi, E. A. e Aderolu, Z. A. (2004). Aumento do valor alimentar de alguns subprodutos agro-industriais para galinhas poedeiras após a sua fermentação em estado sólido com Trichoderma viride. *Jornal Africano de Biotecnologia,* 3 (3): 182-185.

Iyayi, E. A. e Losel, D. M. (2001). Alterações no estado nutricional dos produtos de mandioca após fermentação no estado sólido por fungos. *O Jornal de Tecnologia Alimentar em* África, 6: 101 - 103.

lyayi, E.A. e Tewe, O.O. (1994). Alimentação à base de mandioca em unidades pecuárias de pequena dimensão. In: Bokanga, M. Essers, A. J. A., Poulter, N., Rosling, H. e Tewe, O. (eds). Workshop internacional sobre segurança da mandioca. IITA Horticulture, ISHS No. 375. Pp. 261-269.

Jackson, M. G. (1978). Treating of straw for animal feeding (Tratamento da palha para alimentação animal). Divisão de Produção e Saúde Animal da FAO, World Animal Review (FAO), (NO. 28) FAO, Roma, Itália. Pp. 38-43.

Jain, N.C. (2000). Micrografia eletrónica de varrimento de células sanguíneas. Em: Feldman, B.F., Zinki, J.G. e Jain, N.C. (eds). Schalm's Veterinary haematology, 5th edition. Blackwell Publishing Limited, Oxford. Pp. 63 - 70.

Jecu, L. (2000). Fermentação em estado sólido de resíduos agrícolas para a produção de endoglucanase. *Industrial Crops and Products,* 11: 1 - 5.

Johnson, K.A. e Johnson, D.E. (1995). Methane emission in cattle (Emissão de metano em bovinos). *Journal of Animal Science,* 73:2483 - 2492.

Jokthan, G.E., Oramali, C.C., Abdu, S.B. e Kabir, M. (2007). Caraterísticas e aceitabilidade do Yoghourt de pequenos e grandes ruminantes. *Tropical Journal of Animal Science,* 10 (12): 231 - 235.

Jordan, R.M. e Boylan, W.J. (1995). The potential for a dairy sheep industry in the Midwest. Em: David, L.T., Berth, W., Shelia, P., Christine, Q. e Diane, K. eds. Proceedings of the 1st Great Lake Dairy Sheep Symposium, Madison, WI, University of Wisconsin- Madison. Pp. 21-24.

Joseph, J. K. e Olafade, A. A. (1999). Aceitabilidade do consumidor, preferência por atributos de qualidade do leite fresco "nono" (leite fermentado) e do queijo de vaca e de cabra da África Ocidental. *Tropical Journal of Animal Science,* 2(2): 97-103.

Jung H.J.G, Valdez R.R, Hatfield R.D e Blanchette R.A. (1992). Composição da parede celular e degradabilidade de caules de forragem após deslenhificação química e biológica. *Journal of Food*

Science and Agriculture, 58: 347-355.

Kahlon, T. K., Sanders, R. M., Chow, F. I., Chiu, M. M. e Betschart, A. A. (1990). Influence of rice brain, oat bran and wheat bran on cholesterol and triglycerides inhamsters. *Cereal Chemistry,* 67: 439.

Kamra, D. N. e Zadrazil, F. (1986). Influência da fase gasosa, da luz e do pré-tratamento do substrato na formação do corpo de fruto, na degradação da lenhina e na digestibilidade *in vitro* da fermentação da palha de trigo com *Pleurotus spp. Resíduos Agrícolas,* 18:1.

Karunanandaa, K., Varga, G. A., Akin, D. E., Rigsby, L. L., Royse, D.J. (1995). Fração botânica da palha de arroz colonizada por fungos de podridão branca: alterações na composição química e na estrutura. *Animal Feed Science and Technology,* 55: 179 - 199.

Kerley M.S, Fahey G.C, Gould J.M e Lannotti E.L. (1988). Efeitos da lenhificação, cristalinidade da celulose e espaço acessível às enzimas na digestibilidade dos hidratos de carbono da parede celular das plantas pelos ruminantes. *Journal of Food Microstructure,* 7:59 - 65.

Kersten, P. J., e Kirk, T. K. (1987). Envolvimento de uma nova enzima, glioxal oxidase, na produção extracelular de H2O2 por P. chrysosporium . *Journal of Bacteriology,* 169: 2195 - 2202.

Kirk, K. R. e Moore, W. E. (1972). Remoção de lignina da madeira com fungos de podridão branca e digestibilidade da madeira resultante. *Wood Fiber,* 4: 72 - 79.

Kirk, T. K. (1975). Sistema enzimático de degradação da lignina. Simpósio de Biotecnologia e Bioengenharia n.º 5: 139 - 150.

Kirk, T. K. (1983). Degradação e conversão de lignoceluloses. In: Smith, J. E., Berry, R. e Kristiansen, B. (eds). The Filamentous fungi. Vol. 4. Fungal Technology. Londres, Edward Arnold. Pp. 226 - 295

Krause, D. O., Denman, S. E. e Mackie, R. I. (2003). Opportunities to improve fibre degradation in the rumen: microbiology, ecology and genomics (Oportunidades para melhorar a degradação das fibras no rúmen: microbiologia, ecologia e genómica). FEMS *Microbiology Review,* 797: 1 - 31.

Kukovics, S., Daroczi, P., Kovacs, A., Molnar, I., Anton, A., Zsolnai, L., Fesus, M., Abraham, M. e F. Barrillet. (1998). O efeito do genótipo da P-lactoglobulina no rendimento do queijo. In: Barrillet, F. e Zervas, N.P. eds. Procedimentos do 6º Simpósio Internacional sobre a ordenha de pequenos ruminantes, Atenas, Grécia. Publicação EAAP n.º 95, Wageningen Pers, Wageningen, Países Baixos.

Pp. 524 - 527.

Lamond, E. (1978). Métodos laboratoriais de avaliação sensorial dos alimentos. Publicação n.º 1637. Departamento de Agricultura, Ottawa, Canadá. Pp. 33 - 59.

Lawal, T.E., Alabi, O.M., Ountunji, A.O., Alagbe, I.A. e Adebiyi, O.A. (2011). Biodegradação fúngica da casca de banana-da-terra para alimentação de frangos de corte: Digestibilidade in vitro, efeito no desempenho, hematologia e parâmetros séricos. *Jornal Nigeriano de Produção Animal,* 38(2): 82-89.

Lawal-Adebowale, O.A. (2012). Dinâmica da gestão do gado ruminante. O contexto do sistema agrícola da Nigéria. Produção animal. INTECH. Pp. 61 - 80.

Leng, R.A. (1989). Feeding strategies for improving milk production of diary animals managed by small-farmer in the tropics. FAO *Animal Production and Health Paper,* 86: 82-104.

Little, T.M. e Hills, F.J. (1975). Statistical Methods in Agricultural Research. 2nd edição, Pp. 121-138.

Liu, Y.G. e Baidoo, S.K. (2005). Enzimas exógenas para dietas de suínos: citado por Lawal, T.E. e Iyayi, E.A., 2014. Biodegradação de peneirado de raiz de mandioca com enzimas extraídas de fungos isolados. *Jornal Africano de Investigação em Microbiologia,* 8(36): 3362 - 3367.

Mahrous, A. A. (2005). Efeito dos tratamentos com fungos em talos de algodão no desempenho das ovelhas. *Egyptian Journal Nutrition and Feeds,* 4: 423 - 434.

Mako, A. A. (2009).Avaliação nutricional do jacinto de água na alimentação de ruminantes para reduzir a sua ameaça ambiental na Nigéria. *Jornal Africano de Extensão Pecuária,* 6: 48 - 53.

Malherbe, S. e Cloete, T.E. (2003). Biodegradação de lignocelulose: fundamentos e aplicações: A review. *Environmental Science Biotechnology,* 1: 105-114.

Mares, D. J. e Stone, B. A. (1973). Estudos sobre o endosperma do trigo. 1. Composição química e ultra-estrutura das paredes celulares. *Australian Journal of Biological Science,* 26: 793 - 812.

McDonald, P., Edward, R.A., Greenhalgh, J.F.D., Morgan, C.A., Slnclair, L.A. e Wilkinson, R.G. (2011). Animal Nutrition. 7th edition. Pearson, Harlow, Inglaterra. Pp. 235 - 251.

McDowell, L.R. (1985). Nutrient requirement of ruminant. In: McDowell, L.R. (ed). Nutrition of Grazing Ruminants in warm climates. Academic Press, Londres Pp. 21 - 34.

McFarlane, W.V., B. Howard e R.J.H. Morris, (1966). Water metabolism of Merino sheep shom during summer. *Aust. Journal of Agricultural Research,* 17: 219-225.

Mill, H. e Steinbach, J. (1984). Genotypische unterschiede in der Milchleistung biszum Zitpunk des Absetzens in Abhangigkeit von der Melktechnik Seminar uber Ziegenforschung in Cap Serrat/Sria, Tunis, Oktober, 1984. Alemanha. Pp. 150 - 160.

Millet, M. A., Baker, A. J., Feist, W. C., Mellenberger, R. W. e Satter, L. D. (1970). Modificação da madeira para aumentar a sua digestibilidade *in vitro. Journal of Animal Science,* 31: 781 - 783.

Minitab Statistical Software (1991). Minitab Statistical Software, Rehearse 15.0. Minitab Inc., State College, P.A. EUA.

Mohammed, A. M. e Mohammed, A. A. (1989). Estudos sobre a proteína do leite de camelo e de cabra. Distribuição do azoto e composição de aminoácidos. *Nutrient Reports International,* 2: 251-357.

Mohammed, N., Maigandi, S. A., Akin, W., Hassan e Danaji, A. I. (2006). Digestibilidade e Utilização de Nutrientes por Ovinos em Crescimento Alimentados com Resíduos da Moagem de Arroz. In: Muhammad, I.R., Muhammad, B.F., Bibi-Farouk, F. e Shehu, Y. eds. Proceedings of 31st Annual Conference, Nigerian Society of Animal Production (NSAP), March 12th - 15th, 2006, Bayero University, Kano, Nigeria. Pp. 434 - 436.

Moo-Young, M., Chahol, D. S. e Vlach, D. (1978). Proteína de célula única de vários substratos de madeira pré-tratados quimicamente usando chactonium celluloytican. *Biotechnology Bioenginering,* 20: 107 - 108.

Morand-Fehr, P., Blanchart G. Le, Mens, P., Remenf, F. Sanvant, D., Lenoir, J, Lamberet G; Le Taouen, J. C. e Bas P. (1986). Donnees recentes sur la composition du lait de Cherre. *Journees de la Recherche Ovine et caprime,* 11: 253 - 298.

Mudgett, R. E. (1986). Fermentações em estado sólido. In: Demain, A. L. e Solomon, N. A. (eds). Manual of Industrial Microbiology and Biotechnology. Sociedade Americana de Microbiologia, Washington DC. EUA. Pp. 66 - 83.

Neville, M.C. (1995). Amostragem e armazenamento de leite humano. Em: Jensen, R.G. (ed.) Handbook of Milk Composition. San Diego: Academic Press. Pp. 63-79.

Nguyen, Q. A. (1993). Análise económica da integração de uma fábrica de biomassa para etanol numa fábrica de pasta/serra. In: Saddler, J. N. (ed). Bioconversion of Forest and Agricultural Plant (Bioconversão de plantas florestais e agrícolas). CAB International, Reino Unido, Pp. 321 - 340.

Nishida, A. e Eriksson, K. E. (1987). Formação, purificação e caraterização parcial da metianol oxidase, uma   enzimas produtoras de H2O2 em phanechaete chrysosporium.

Biotechnol. Bioquímica Aplicada, 9: 325 - 338.

Njidda, A.A., Hassan, I.T., Olatunji, E.A. (2013). Parâmetros heamatológicos e bioquímicos de cabras de ambiente semiárido alimentadas com rangaiand natural do norte da Nigéria. IOSR *Journal of Agriculture and Veterinary Science,* 3(2): 1 - 8.

O'Mahony, F. e Peters, K.J. (1987). Options of small holder milk processing in Sub-Saharan Africa: ILCA Bulletin. No 27, abril. 1978. Pp. 2-18.

Ochepo, G. O. (2012). Desenvolvimento da Cabra Leiteira para a Segurança Alimentar na Nigéria. *Revista Internacional de Investigação Alimentar e Agrícola,* 9(2): 6-12.

Ofuya, C. O. e Nwanjiuba, C. J. (1990). Degradação microbiana e utilização de cascas de mandioca. *Revista Mundial de Biotecnologia Microbiana,* 6: 144-146.

Oguike, M.A. e M.E. Udeh (2009). Efeitos de Spondias mombin l. na composição do leite de ovelhas anãs da África Ocidental (WAD) em lactação. *Jornal Nigeriano de Produção Animal,* 36(2): 335 - 343.

Okunlola, J.O. (2002). Factores socioeconómicos que afectam a produção de caprinos e ovinos em grande escala no Estado de Ogun. In: Aletor, V.A. e Onibi, G.E. eds. Actas da [27] Conferência Anual da Sociedade Nigeriana de Produção Animal. 17-21 de março, Universidade Federal de Tecnologia, Akure, Nigéria. Pp. 355-358.

Oldale, P.M.D. (1996). Enzimas: A tool for unlooking nutrients in animals feeds, Seminário Roche Nigéria, Lagos. Pp. 56-62.

Onigemo, M.A., Agbalaya, K.K., Tijani, L.A., Asafa, A.R., Anjola, O.A.J., Agbaye, F.E., Shabi, L.B. e Akintunde, S.A. (2012). Desempenho de frangas em crescimento alimentadas com dietas contendo resíduos de gala como substituto do milho. In: Bitto, I.I, Kaankuka, F.G. e Attah, S. eds. Actas da 37ª Conferência Anual da Sociedade Nigeriana de Produção Animal. 18-21 de março, Universidade de Agricultura, Makurdi, Nigéria. Pp. 333-340.

Oriol, E., Schettino, B., Viniegra-Gonzalez, G. e Raimbault, M. (1988). Cultura em estado sólido de

Aspergillus niger em suporte. *Jornal de Tecnologia de Fermentação,* 66: 57 - 62.

Osinowo, O. A. e Adu, I. F. (1985). Guia sobre a produção intensiva de ovinos. Série de Produção Anual No. 2 NPRI, ABU/Shikda Zaria Nigéria. Pp. 1 - 23.

Otchere, E. O., Ahmed, H. U., Adenowo, T. K, Kallah, M.S., Bawa, K; Olorunju, S.A.S e Voh. Jr, A. A. (1981). Sheep and goat production in the raditional Fulani agro-pastural sector. *World Animal Review,* 64: 50-55.

Onua, E.C. e Okeke, G.C. (1999). Valor de substituição das cascas de mandioca transformadas por silagem de milho na dieta do gado. *Journal of sustainable Agriculture and Environment,* 1(1): 38-43.

Pagot, J. (1992). Animal production in the tropics and sub-tropics. 1st edição Macmillan press Ltd. Londres e Basingstoke. 500 pp.

Paice, M. G., Juraskk, L., Carpenter, M. R. e Smillie, B. (1978). Caracterização da produção e sequência parcial de aminoácidos de xylkan. A de schizophyllum commune. *Applied Environmental Microbiology,* 36: 802 - 808.

Payne, W.J.A. (1990). An Introduction to Animal Husbandry in the tropics (Introdução à criação de animais nos trópicos). 4th edição, Longman, Inglaterra, Pp. 473-508.

Pearson, D. (1977). The chemical Analysis of Foods. 7th edition. Chemical Publ. Coy. Inc. N.Y. 575 pp.

Peart, P. N. (1982). Lactation of suckling ewes and does, In: Coop, I. E. (ed), World Animal Science. C. Production-systems approach 1. Sheep and Goat production. Elsevier Publishing Co., Amesterdão, Países Baixos. Pp. 119 - 134.

Park, Y. W., Juarez, M., Ramos, M. e Haelein, G. F. W. (2007). Caraterísticas físico-químicas do leite de cabra e ovelha. *Journal of small Ruminant Research,* 68: 88-11.

Peter, T., Biamonte, G.T. e Doumas, B.T. (1982). Proteína (Proteína total) no soro, urina e líquidos cefalorraquidianos; Albumina no soro. In: Paulkner, W.R. e Meites, S. (eds). Selected method of clinical chemistry (Métodos selecionados de química clínica). Associação Americana de Química Clínica, Washington, D.C. 373pp.

Phillippi, F. (1983). Die Pilze Chiles, soweit dieselben as Nahrungmittel gebrauch warden. *Hedwigia,* 32: 115 - 118.

Pirisi, A., G. Piredda, C.M. Papoff, R, di Salvo, S. Pintus, G. Garro, P. Ferranti, e L. Chianese. (1999). Effects of sheep asi -casein CC, CD and DD genotype on milk composition and cheesemaking properties. *Journal of Dairy Research,* 66: 409-41.

Ponce de Leon-Gonzalez, L. (1997). Qualidades de congelação do leite cru de ovino para posterior transformação. *Journal of Dairy Science,* 64: 355 - 366.

Preston, T. R. e Leng, R. A. (1987). Matching ruminant production system with available resources in the tropics and sub-tropics. Nova edição online. Panambul Books. Armidale, Áustria. Pp. 56 - 65.

Priest, F. G. (1983). Síntese enzimática: regulação e processo de secreção por microorganismos. In: Fogarty, W.M. (ed). Microbial enzymes and Biotech. Londres - Nova Iorque Applied Science Publishers. Pp. 319 - 366.

Priest, F. G. (1984). Extracellular enzymes. Aspect of Microbiology Vol. 9 Van Nostrand Reinhold, Inglaterra procedimentos e algumas aplicações. Agriculture Handbook No. 379, USDAARS. 121 pp.

Rabinovich, M. L., Meliak, M. S., Bolobova, A.V. (2002^a). Microbial cellulases: A review. *Applied Biochemistry and Microbiology*, 38(4): 305 - 321.

Rabinovich, M. L., Melnik, M. S. e Bolobova, A.V. (2002^b). A estrutura e o mecanismo de ação das enzimas celulolíticas. *Biochemistry* (Moscovo), 67(8): 850 - 871.

Raimbault, M. (1998). Aspectos gerais e microbiológicos da fermentação de substratos sólidos. *Jornal de Biotecnologia,* 63: 395-399.

Ram, P. C., Lodha, M. L., Srivastava, K. N., Iyagi, J. e Mehta, S. L. (1979). Improving nutritive value of maize (*Zea mays L.)* by germination (Melhorar o valor nutritivo do milho (*Zea mays L.)* por germinação). *Journal of Food Science Technology.* 16 (6): 258 - 260.

Reade, A. E. e Gregory, K. F. (1975). Produção a alta temperatura de alimentos enriquecidos com proteínas a partir da mandioca por fungos. *Microbiologia Aplicada,* 30 (6): 897 - 903.

Reeves J.B. (1985). Lignin composition and in vitro digestibility of feeds. *Journal of Animal Science,* 60: 316-322.

Reinhold, J.G. (1953). Determinação manual das fracções de proteínas totais, albumina e globulina pelo método de Biureto. In: Reiner, M. (ed). Standard methods of clinical chemistry. Academic Press, Nova Iorque. P. 88.

Robinson, P. H. (1989). Aspectos dinâmicos do maneio alimentar das vacas leiteiras. *Journal of Dairy Science*, 72: 1197 - 1209.

Robinson, P.H., Tamiga, S. e Van Vuuren, A.M. (1986). Influence of declining level of feed intake and varying the proportion of starch in the concentrate on rumen fermentation in dairy cows. *Livestock Production Science*, 15: 173 - 189.

Roltz C, Leon R, Arrila M. C. e Cabrera S. (1986). Biodelignificação de bagaço de capim-limão e de citronela por fungos de podridão branca. *Journal of Applied Environmental Microbiology*, 52: 607-611.

Roussos, S. (1985). Croissance de *T. harzianum* par FMS: physiologie, sporulation et production de cellulases. These de Doctorat, Universite Provene, Marseille Fr., Orstom Ed. 193p.

Russell, J.B., O'Connor, J.D., Fox, D.J., Van Soest, P.J. e Sniffen, C.J. (1992). A net carbohydrate and protein system for evaluating cattle diets. I, ruminal fermentation. *Journal of Animal Science*, 70: 3551 - 3561.

Sarklong, C., Cone, J.W., Pellican, W. e Hendrik, W.H. (2010). Utilização de palha de arroz e diferentes tratamentos para melhorar o seu valor alimentar para ruminantes: A Review. Asian- Aust. *Journal of Animal Science*, 23(5): 560 - 692.

Satter, L. D. e Slyter, L. L. (1974). Efeito da concentração de amoníaco na produção de proteína microbiana ruminal *in vitro. Bristish Journal of Nutrition, 32: 194 -208.*

Saucedo-Castareda, G., Lonsane, B. K., Navarro, J. M., Roussos, S. e Raimbault, M. (1992). Potencial de utilização de um fermentador simples para a acumulação de biomassa, a hicólise do amido e a produção de etanol: sistema de fermentação em estado sólido envolvendo schwanniomyces castelii, *Applied Biochemistry and Biotechnology*, 36: 47-61.

Sauer, F. D., Fellner, V., Kinsman, R., Kramer, J. K. G., Jackson, H. A., Lee, A. J. e Cahen, S. (1998). Produção de metano e resposta à lactação em bovinos Holstein com monesnsina ou gordura insaturada adicionada à dieta. *Journal of Animal Science*, 76: 909 - 914.

Schaefer, D. M, Lavis, C. L. e Bryant, M. P. (1980). Constantes de saturação de amoníaco para espécies predominantes de bactérias ruminais. *Journal of Dairy Science*, 63: 1248 - 1263.

Schalm, O.W. (1970). Significado clínico da concentração de proteínas plasmáticas. *Jornal da Associação Médica Veterinária Americana*, 57: 1672-1675.

Schalm, O.W., Jain, N.C. e Carol, E.J. (1975). Veterinary Haematology, 3th edition, Lea & Febiger, Philadelphia. Pp. 275 - 282.

Scott, C. (1965). Plasma Creatine: Um método de reação novo e específico. *Scandinavian Journal of Laboratory Investigation*, 17: 381- 388.

Selvendran R. R. (1984). A parede celular das plantas como fonte de fibra alimentar. Química e estrutura. *American Journal of Clinical Nutrition*, 39: 320 - 337.

Senez, J. C., Raimbault, M. e Deschamps, F. (1980). Enriquecimento proteico de substratos amiláceos para alimentos para animais por fermentação em estado sólido. *World Animal Review*, 35: 36 - 40.

Singal, K.K. e V.D. Mudgal, (1981). Effect of urea and biuret feeding on water metaboloism in growing and lactating goats. *Indian Journal of Dairy Science*, 33: 455-459.

Smith, T., Chakanyuka, C., Sibanda, S. e Manyuchi, B. (1989). Maize stover as a feed for ruminants. In: Said, A. N. e Dzowela, B. (eds). Overcoming constraints to the efficient utilization of agricultural by-products as animal feed. ILAC, Addis Abeba. Pp. 218 - 231.

Sniffen, C. J., O'Connor, J. D., Van Soest, P. J. e Fox Russell, J. B. (1992). A net carbohydrate and protein system for evaluating cattle diets. II. Disponibilidade de hidratos de carbono e de proteínas. *Journal of Animal Science*, 70: 3562 - 3577.

Steel, M. (1996). Goats the Tropical Agriculturist (Cabras para o Agricultor Tropical). Smith, A. J. (ed). Macmillan CTA, Países Baixos. 125 pp.

Steinbach, J. (1988). Experiências com a avaliação do potencial de produção de raças de caprinos locais e melhoradas no norte da Tunísia. *Animal Research and Development*, 28: 10 - 14.

Sun, Y. e Cheng, J. (2002). Hidrólise de material lignocelulósico para a produção de etanol: A review. *Bioresearch Technology*, 83: 1- 11.

Sundstol, F. (1988). Straw and other fibrous By-product. as feed. *Livestock Production Science*, 19: 137-157.

Swenson, B., Wendorff W.L., Casper, J.L. e Thomas, D.L. (1998). Resultados preliminares do estudo "Development of process technology to improve sheep milk products". Projeto Hatch do USDA, 1997-2000.

TAC (2011). Registos dos elementos meteorológicos de Makurdi. Estação metrológica do Comando

Aéreo Tático de Makurdi.

Taibipour K. e Kermanshahi H. (2004). Effect of levels of tallow and NSP degrading enzyme supplements on nutrient efficiency of broiler chickens. In: Sejrsen, K., Weller, J., Moughan, P. Hill, Rod, Edwards, S., Bernues, A. e Guesnet, P. eds. Proceedings of the Annual Conference of the British Society of Animal Science, University of York, York, UK, 5-7 April, 2004, p. 273.

Tamminga, S. (1981). Effect of the roughage/concentrate ratio on nitrogen entering the small intestine of dairy cows. *Neth. Journal of Agricultural Science,* 29: 273 - 283.

Teller, E. e Vanbelle, M. (1993). Novos desenvolvimentos em biotecnologia para a produção e preservação de culturas e eficiência da utilização nutricional na alimentação animal. Pp. 1519 - 1552.

Tengerdy, R. P. (1985). Fermentação com substrato sólido. *Tendências em Biotecnologia,* 3: 96 - 99.

Theander, O., Aman, P., Westerlund, E. e Graham, H. (1994). Enzymatic/chemical analysis of dietary fibre (Análise enzimática/química da fibra alimentar). *Journal of AOAC International,* 77: 703 - 709.

Theander, O., *Westerlund,* E., Aman, P. e Graham, H. (1993). Plant cell wall and mongastric diets. *Animal Feed Science Technology,* 23: 205 - 225.

Trejo-Hermnandez, M. R., Raimbault, M., Roussor, S. e Lonsane, B. K. (1992). Potencial da fermentação em estado suave para a produção de alcalóides da cravagem do centeio. *Cartas em Microbiologia Aplicada,* 15: 156 - 159.

Trejo-Hernandez, M. R., Lonsane, B. K., Raimbault, M. e Roussor, S. (1993). Espectro dos alcalóides da cravagem do centeio produzidos por *Claviceps purpurea* 1029c em sistema de fermentação em estado sólido: Influência da composição do meio líquido utilizado para impregnar o bagaço de medula de cana-de-açúcar. *Process Biochemistry,* 28: 23 - 27.

Ueckermann, L, Joubert, D. M. e Van der Stein, G. J. (1974). The milking capacity of Boer goat does. *World Review of Animal Production,* 10 (40): 73 - 83.

Underkoffler, L. A. (1972). Enzymes, In: Furai, T. O. (ed). Handbook of Food additives. 2nd edição, CRC Press, Cleveland, 152 pp.

Uza, D. V., Abubakar, A., Aribido, S. O. e Ahmed, U. H (1999). Transferable Technologies for enhancing small holder livestock production, 1st edition, Onaivi printing and publishing Co. Ltd, Makurdi, Nigéria. Pp. 39-43.

Van Soest, P. J. (1982). Nutritional ecology of the ruminant, I O and B Books, Corvallis, USA. 374p.

Van Soest, P. J. (1988). Efeito e qualidade da fibra no valor nutritivo dos resíduos de culturas. In: Actas de um Workshop sobre Melhoramento de Plantas e Valor Nutritivo de Resíduos de Culturas, realizado em Adis Abeba. Etiópia, 7 - 10 de dezembro, 1987, Pp. 71 - 96.

Van Soest, P. J. e McQueen, R. W. (1973). The Chemistry and estimation of fibre (A química e a estimativa da fibra). *Actas da Sociedade de Nutrição,* 32: 123 - 130.

Van Soest, P. J. e Robertson, J. B. (1980). Systems of Analysis for Evaluating Fibrous Feeds (Sistemas de análise para avaliação de alimentos fibrosos). In: Pidgen, M. J. e McGraham, R. M. (eds). Proceedings of workshop on standardization of Analytical methodology for feeds, 12-14 de março de 1979, Ottava, Canadá. Pp. 49 - 60.

Van Soest, P. J., Robertson, J. B. e Lewis, B. A. (1991). Methods for dietary fibre, neutral detergent fibre and non-starch polysaccharides in relation to animal nutrition. *Journal of Diary Science,* 74: 3583 - 3597.

Wallace, R.J. (1994). Microbiologia de ruminantes, biotecnologia e nutrição de ruminantes: progressos e problemas. *Journal of Animal Scienc,* 72: 2992 - 3003.

Wang G. J., Marquardt R. R. e Guenter W. (1995). Efeitos da irradiação e da suplementação enzimática do farelo de arroz (Singapura) no desempenho de frangos Leghorn. *Journal of Poultry Science,* 74: 120-121.

Wendorff, W. L, e Rauschenberger, S. L. (2001). Efeito do congelamento na qualidade do leite. In: Thomas, D.L. e Porter, S. eds. Proceedings of the 7th Great Lakes Diary Sheep Symposium, Eau Claire, W. I, University of Wisconsin - Madison. Pp. 156 - 164.

Wicklow, D. T., Detroy, R. W. e Jesse, B. A. (1980). Decomposição de lignocelulose por Cyathus sterocreus (Schm) de Toni NRRL 6473, um fungo da "podridão branca" do esterco de gado. *Applied Environmental Microbiology,* 40: 169- 170.

Williamson, G. e Payne, W.J.A. (1980). An introduction to animal Husbandry in The tropics, 4th edition, Longman Group Ltd. Londres, Reino Unido. 755 pp.

Williams, T. O., Powel, J. M. e Fernandez-Rivera, S. (1995). Utilização de estrume, ciclos de seca e dinâmica de rebanho no Sahel; Implicações para a produtividade das terras agrícolas. Em Livestock and sustainable nutrient cycling, Powell, J. M., Fernadez-Rivera, S., Williams, T. O.e Renard, C. eds.

Actas de uma Conferência Internacional, 22nd - 26th Nov. 1993, ILCA, Adiss Ababa, Ethiopia. Vol. 2. Pp. 392 - 409.

Williams, T. O., Salvador, F. e Kelly, T. G. (1976). The influence of socio-economic factors on the availability and utilization of crop residues as animal feeds (A influência de factores socioeconómicos na disponibilidade e utilização de resíduos de culturas como alimentos para animais): Actas da conferência da FAO das Nações Unidas realizada em Roma. Animal Production and Health Paper No. 4.

Wilson, R.T. (1984). Citado em J.O. Okunlola (2002). Socio-economic factors affecting large scale goat and sheep production in Ogun State. In: Increasing household protein consumption through improved livestock production. Aletor, V.A. e Onibi, G.E. eds. Actas da 27ª Conferência Anual da Sociedade Nigeriana de Produção Animal. 1721 de março, Universidade Federal de Tecnologia, Akure, Nigéria. Pp. 355-358.

Wohlt, J.E., Foy, W.L. Jr, Kniffen, D.M. e Trout, J.R. (1984). Milk yield by Dorset ewes as affected by sibling status, sex and age of lamb, and measurement. *Journal of Dairy Science.* 67(4): 802-807.

Wood, T. M. (1991). Fungal Cellulases. In: Haigler, C.H. e Weimer, P.J. (eds). Biosynthesis and Biodegradation of cellulose. Macel Dekker Inc., Nova Iorque. Pp. 491 - 534.

Yashim, S.M. e Jokthan, G.E. (2010). Efeito de diferentes partes da planta no valor nutritivo da planta Rattle box *(Crotalaria retusa).* In: Ogunlola, B.T., Jolaosho, A.O., Akinola, T.O. e Dele, P.A. eds. Actas da 15.ª Conferência Anual da Associação de Ciência Animal da Nigéria (ASAN), Universidade de Uyo, 13 a 15 de setembro de 2010, Uyo, Nigéria. p. 677.

Young, W.P. (2004). Nutrientes selecionados no leite humano, várias formas de leite de vaca e de cabra. In: Kleinman R.E. (ed). Pediatric Nutrition Handbook (Manual de Nutrição Pediátrica). 6th edition, American Acedemy of Pedriatics, 2009: 1265.

Zadrazil, F. (1977). A conversão de palha em ração por basidomicetos. *European Journal of Applied Microbiology,* 4: 273 - 281.

Zadrazil, F. (1980). A influência do nitrato de amónio e de suplementos orgânicos no rendimento de *Pleurotus sajor caju* (fr). Sing. *Jornal Europeu de Microbiologia Aplicada e Biotecnologia*, 9: 31 - 35.

Zadrazil, F. (1985). Screening of Fungi for Lignin Decomposition and Conversion *of Straw into Feed. Angew Botanik, 69: 433 - 452.*

Zadrazil, F., Diedrichs, M., Janessen, H., Schuchardt, F. e Park, J. S. (1990). Large Scale Solid State Fermentation of Cereals Straw with *Pleurotus* spp. In: Coughlan, M.P. and Amaral Collaco, M. T. (eds). Advance in Biological Treatment of Lignocellulose Materials, Elservier Applied Science. Pp. 43 - 58.

Zardrazil, F., e Brunnert, H. (1981). Investigação de parâmetros físicos importantes para a fermentação em estado sólido da palha por fungos de podridão branca, *European Journal of Applied Microbiology and Biotechnology,* 11: 183-188.

Zardrazil, F., e Brunnert, H. (1982). Fermentação em estado sólido de lignoceluloses contendo resíduos vegetais com *Sporotrichum pulverlentium* e *Dichotimus squalens* (karst) Reid. *Eurpean Journal of Applied Microbiology and Biotechnology,* 16: 45 - 51.

yes

I want morebooks!

Buy your books fast and straightforward online - at one of world's fastest growing online book stores! Environmentally sound due to Print-on-Demand technologies.

Buy your books online at
www.morebooks.shop

Compre os seus livros mais rápido e diretamente na internet, em uma das livrarias on-line com o maior crescimento no mundo! Produção que protege o meio ambiente através das tecnologias de impressão sob demanda.

Compre os seus livros on-line em
www.morebooks.shop

FSC
www.fsc.org

MIX
Papier aus verantwortungsvollen Quellen
Paper from responsible sources
FSC® C105338

Printed by Books on Demand GmbH, Norderstedt / Germany